U0263211

七彩数学

姜伯驹 主编

QI CAI SHU XUE

# 统计思想欣赏

王静龙□著

科学出版社

北京

# 内 容 简 介

统计思想是统计理论与方法的想法. 本书试图讲述这些想法的统计所固有的本质属性. 统计思想主要体现在科学与艺术、归纳与演绎、精准与趋势，证明与推断、定量与定性、相关与因果、集合与总体、描述与建模、回顾、前瞻与随机分组双盲以及统计学意义的判断 9 个方面. 本书共有 9 章，分别讲述上述这 9 个方面的问题. 至于各个学科共有的例如对立与统一、主观与客观等属性，贯穿于上述 9 个方面，本书不再另立章节讨论. 本书各章相互独立，自成体系. 书中有大量的现实生活中的案例，力图用浅显的语言讲述统计思想，即使刚入门学习统计的新人也可阅读. 本书每一章都有一组思考题. 求解这些题目，套用公式是无助的，"思考"是求解它们的一个好办法. 求解这些题目，读者还能补充些新的知识.

本书除了可作为大学统计专业的教学参考用书外，还可以供从事理论研究和应用的统计工作者、各行各业对统计有兴趣的人士参考阅读.

## 图书在版编目(CIP)数据

统计思想欣赏/王静龙著. —北京: 科学出版社, 2017.3
(七彩数学)
ISBN 978-7-03-051947-4

Ⅰ.①统… Ⅱ.①王… Ⅲ.①数理统计-普及读物
Ⅳ.①O212-49

中国版本图书馆 CIP 数据核字 (2017) 第 040384 号

责任编辑: 陈玉琢 / 责任校对: 邹慧卿
责任印制: 吴兆东 / 封面设计: 耕 者

科学出版社 出版
北京东黄城根北街 16 号
邮政编码: 100717
http://www.sciencep.com

北京凌奇印刷有限责任公司印刷
科学出版社发行 各地新华书店经销
*
2017 年 3 月第 一 版 开本: 890×1240 1/32
2024 年 5 月第五次印刷 印张: 8 5/8
字数: 137 000
定价: **48.00 元**
(如有印装质量问题, 我社负责调换)

# 丛书序言

　　2002 年 8 月，我国数学界在北京成功地举办了第 24 届国际数学家大会．这是第一次在一个发展中国家举办的这样的大会．为了迎接大会的召开，北京数学会举办了多场科普性的学术报告会，希望让更多的人了解数学的价值与意义．现在由科学出版社出版的这套小丛书就是由当时的一部分报告补充、改写而成．

　　数学是一门基础科学．它是描述大自然与社会规律的语言，是科学与技术的基础，也是推动科学技术发展的重要力量．遗憾的是，人们往往只看到技术发展的种种现象，并享受由此带来的各种成果，而忽略了其背后支撑这些发展与成果的基础科学．美国前总统的一位科学顾问说过："很少有人认识到，当前被如此广泛称颂的高科技，本质上是数学技术"．

　　在我国，在不少人的心目中，数学是研究古老难题的学科，数学只是为了应试才要学的一门学科. 造成这种错误印象的原因很多. 除了数学本身比较抽象, 不易为公众所了解之外, 还有学校教学中不适当的方式与要求、媒体不恰当的报道等等. 但是, 从我们数学家自身来检查, 工作也有欠缺, 没有到位. 向社会公众广泛传播与正确解释数学的价值, 使社会公众对数学有更多的了解, 是我们义不容辞的责任. 因为数学的文化生命的位置, 不是积累在库藏的书架上, 而应是闪烁在人们的心灵里.

20 世纪下半叶以来, 数学科学像其他科学技术一样迅速发展. 数学本身的发展以及它在其他科学技术的应用, 可谓日新月异, 精彩纷呈. 然而许多鲜活的题材来不及写成教材, 或者挤不进短缺的课时. 在这种情况下, 以讲座和小册子的形式, 面向中学生与大学生, 用通俗浅显的语言, 介绍当代数学中七彩的话题, 无疑将会使青年受益. 这就是我们这套丛书的初衷.

这套丛书还会继续出版新书, 我们诚恳地邀请数学家同行们参与, 欢迎有合适题材的同志踊跃投稿. 这不单是传播数学知识, 也是和年轻人分享自己的体会和激动. 当然, 我们的水平有限, 未必能完全达到预期的目标. 丛书中的不当之处, 也欢迎大家批评指正.

姜伯驹

2007 年 3 月

# 前　言

　　我有幸在 1978 年 10 月考入华东师范大学,攻读数理统计方向的硕士学位研究生,导师是魏宗舒教授与茆诗松教授.看到我们这几个学数学的学生对统计的理解是那么的肤浅,魏宗舒教授当机立断给我们上小课.他和我们围着一个办公桌而坐,带领我们漫游统计.魏宗舒教授与茆诗松教授都一再对我们说,学好统计最重要的是要有统计思想.他们讲解统计思想的含义,我们好像听懂了,但要讲那是讲不清楚的.正如著名教育家和现代作家叶圣陶先生所说的,"然而学生还是似懂非懂,教他们回讲往往讲不出来." 两位老师也知道我们对统计思想的理解顶多一知半解,但并不着急. 魏宗舒教授告诫我们,"如果能亲临实际做一两次数据分析,那对数理统计的领会就会更深了." 他们都要求我们通过实践领会统计思想,看来统计思想是要慢慢悟出来的. 茆诗松教授动情地告诫统计系的毕业生, 你们要爱数据, 要像爱你的恋人那样爱数据. 在场的我惊讶他对数据有如此深的感情. 人唯有经过长期的实践活动, 才能说出有如此深刻含义且动情的话.

经过几十年的教学、研究与应用等实践活动, 关于统计思想我感悟到了一些东西. 现在我退休了, 在这剩余的岁月里, 非常想把这些感悟整理出来与大家交流. 顾名思义, 统计思想是统计理论与方法的想法. 本书试图讲述这些想法的统计所固有的本质属性. 英国的《不列颠百科全书》说, "统计是收集和分析数据的科学与艺术." 看到这句话, 我想大家一定既感到高兴, 又感到新奇, 统计为什么说也是艺术? 本书将从灵感与创造性思维、错觉以及没有最好但只有更好三个方面着手讲述我对这个问题的体会. 说到统计, 大家不约而同地都会说统计是归纳推理. 由此大家可能会联想到 "盲人摸象", 统计使用归纳推理是否以偏概全. 事实上, 归纳推理有其不确定性, 是或然性推理, 但统计使用归纳推理可以做到很可靠, 并不是以偏概全. 统计的归纳推理通常称为统计推断. 统计推断是可靠的, 这其实是演绎推理的结果. 学好统计是离不开演绎推理的, 但统计基本上是归纳推理. 统计推断仅控制风险, 而不能消除风险, 不能证明某个现象必

然发生 (或必然不发生), 它探寻的是一种趋势, 而不是精准的结果. 统计兴旺发达的源泉来自统计在各行各业的应用, 由此可见应用统计解决实际问题时必须做到定量分析与定性分析相结合. 统计应用中的一个重要问题就是探寻变量的关联性, 又称变量的相关性. 识别及区分相关与因果关系极其重要. 集合与总体是数学与统计学的最基本概念, 两者的含义是有区别的. 数据描述与统计建模都是解决实际问题的好办法. 正所谓尺有所短, 寸有所长, 数据描述与统计建模彼此都有可取之处, 绝不能顾此失彼, 而应两全其美. 解实际问题时, 除了考虑问题本身, 还需考虑科学研究的方法. 回顾与前瞻性调查以及随机分组双盲试验就是伴随着实际问题的求解而逐渐发展起来的. 著名统计学家 C.R. 劳说, 在理性的基础上, 所有的判断都是统计学. 从概括汇总、审视过程与风险意识三个方面, 与大家交流我学习 C.R. 劳这句话的体会. 统计推断研究不确定性现象, 它需要知识的融会贯通, 需要不断的实践, 需要经验的累积. 因而当经过努力对一个不确定的现象作出可靠决策的时候, 人们会感到非常的兴奋, 享受统计推断思维过程之美.

v

就我的感悟而言, 统计思想主要体现在科学与艺术、归纳与演绎、精准证明与趋势推断、定性与定量、相关与因果、集合与总体、描述与建模、回顾前瞻与随机分组双盲以及统计学意义的判断 9 个方面. 本书共有 9 章, 分别讲述上述这 9 个方面的问题. 至于各个学科共有的, 如对立与统一、主观与客观等属性, 贯穿于上述 9 个方面, 本书不再另立章节讨论. 本书各章相互独立, 自成体系, 所以不同章节很可能有相同的案例. 书中有大量现实生活中的案例, 力图用浅显的语言讲述统计思想, 即使刚入门学习统计的新人也可阅读. 本书每一章都有一组思考题. 求解这些题目, 套用公式是无助的, "思考" 是求解它们的一个好办法. 求解这些题目, 读者还能补充些新的知识. 本书除了可作为大学统计专业的教学参考用书外, 还可以供从事理论研究和应用的统计工作者、各行各业对统计有兴趣的人士参考阅读.

恩师魏宗舒教授辞世已 20 多年了, 谨以本书献给他老人家. 学习统计的路上, 除了恩师魏宗舒教授与茆诗松教授, 我还得到了已故成平教授、张尧庭教授与陈希孺院士的教诲. 恩师们的教导一直激励着我终生学习统计. 感谢华东师范大学统计系的同事、历届研究生和本科生, 与他们一起学习统计使得我对统计思想越来越有体会, 并享受着极大的乐趣. 感谢统计界的同仁, 阅读他们写的书, 听他们的讲座以及与他们的讨论都使我受益匪浅. 感谢科学出版社陈玉琢女士的关心、支持和辛勤劳动.

　　对于统计思想, 我自感才疏学浅力不从心. 根据个人感悟, 关于统计思想本书提出的一些看法有待商榷, 本书不妥之处恳望读者批评指正.

王静龙

2016 年 6 月

vii

# 目　录

x

# 1 科学与艺术

　　我国大型权威工具书《辞海》指出,"科学:
运用范畴、定理、定律等思维形式反映现实世界
各种现象的本质和规律的知识体系."显然,统
计是科学,而这正如《中国大百科全书·数学卷》
所说的,"统计学是一门科学,它研究怎样以有效
的方式收集、整理、分析带随机性的数据,并在
此基础上,对所研究的问题作出统计性的推断,
直至对可能作出的决策提供依据或建议."因为
统计是科学,所以它需要逻辑思维、演绎推理和
实证研究.它的实证研究包括观察、调查与实验
等.此外统计还需要形象思维.正因为如此,英
国的《不列颠百科全书》给了统计一个简单明了
并且形象生动的定义:

**统计是收集和分析数据的科学与艺术.**

初看到这句话, 感到很高兴, 统计与音乐、美术一样, 也可以欣赏, 有魅力; 同时感到很新奇, 统计为什么说也是艺术.

我国已故著名统计学家、中国科学院院士陈希孺教授 (1934~2005) 在其著作《统计学概貌》[1] 中说, "称统计学是艺术, 尽管有其不够严谨之处, 却也有独到的地方: 它提醒人们, 统计学并不是一堆在应用时可以机械地照搬的公式, 而是在应用上要发挥灵活性以至灵感, 需要积累充分的经验. " 陈希孺院士在他的另一本著作《数理统计学简史》[2] 中说, "这里强调它的艺术性, 是为着重说明统计方法需要灵活使用, 很依赖于人的判断以至灵感. 强调这一点很有好处, 它提醒人们不能以教条式的态度来看待数理统计方法, 以为只要记住一些公式与方法, 碰到什么问题套上去就行. " 总之, 按陈希孺院士所说的, 这里的 "艺术" 着重强调统计方法的使用与创新很依赖于人的判断、灵活性以至灵感, 不能机械地照搬公式. 看下面轰炸机的什么部位应加固防护的例子. 这个例子摘自《统计数据的真相》[3].

## 1.1 灵感, 创造性思维

瓦尔德 (1902~1950), 罗马尼亚裔美国统计

学家. 他出生于罗马尼亚, 1931 年在维也纳大学
获得博士学位, 1938 年到美国. 众所周知, 军工
产品的成本比较高, 且其检验通常是破坏性的,
检验过后的军工产品就没有用了. 在军工产品
的生产质量得到保证的前提下, 尽可能减少抽检
的军工产品个数, 这是第二次世界大战期间统计
学家所面临的一项迫切需要解决的问题. 瓦尔德
首次提出了著名的序贯检验法, 用于军工产品的
检验, 既保证了军工产品的质量, 又减少了抽检
的军工产品的样本数. 序贯检验法在第二次世
界大战期间是军事机密. 大战过后序贯分析方法
得到很大的发展, 是统计学的一个重要分支.

　　大战期间美国军方为使得他们的轰炸机能
避开德国的防空炮火, 研究了以下两个问题: 轰
炸机的哪一部分最经常被击中? 轰炸机的什么部
位应该加强钢板增加装甲防护? 瓦尔德研究了返
航轰炸机上的弹孔位置. 他画了飞机的轮廓, 并
标示出弹孔位置 (图 1.1). 图 1.1 的正方形黑点
表示返航的轰炸机机身上所受到的德军防空炮
火的袭击标记. 根据这张图, 可以看到炮火袭击
几乎均匀地分布在轰炸机的各个部位, 就是机身
的中间有一个长方形的区域没有弹着点. 这是为
什么? 难道这块地方不会被击中? 瓦尔德指出,
恰恰是这个地方需要加固补强. 因为这个位置
既处于德国高射炮的正面攻击, 而且又是轰炸机

003

的油箱所在, 一旦被击中飞机就回不来了. **看来, 统计学家解决问题也需要逆向思维.** 有些统计问题, 不妨反过来思维, 或许就是另一片天空. 瓦尔德看着这个图所引起的想象力和创造力, 打破常规, 向相反方向去思考, 完美地解决了问题. 统计实践需要很多技巧, 需要经验的积累与领悟, 因此统计是一门富有想象力的学科.

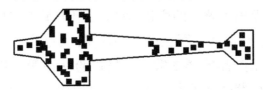

图 1.1　飞机轮廓及弹孔位置

## 1.2　错　　觉

错觉是指不符合客观实际的错误感觉. 图 1.2 为菲克 (Fick) 错觉图, 垂直线看上去比水平线长, 事实上它们是一样长的. 其原因就在于眼睛做上下运动比做水平运动困难一些, 看垂直线比看水平线费力, 所以垂直线看起来就长一些. 统计分析也能利用图使人产生错觉, 见《统计数据的真相》[3] 以及《怎能利用统计撒谎》[4]. 它们都用很多事例说明, 数字通过图的美化弯曲, 使人们受到迷惑, 因此很容易形成错觉. 这类错觉往往是为了达到某种目的、人为操作而形成的. 此外, 统计中还有很多的错觉, 是在数据分析的过程中不知不觉地形成的,看以下例子.

图 1.2  菲克错觉图

根据 1990 年上海市第四次人口普查资料制作了表 1.1. 它给出了上海市 25 岁及以上的居民 1990 年各类婚姻状况的人数和它们在这一年里的死亡人数以及根据居民人数与死亡人数计算出来的死亡率.

表 1.1   婚姻状况与死亡率

| 婚姻状况 | 未婚 | 有配偶 | 丧偶 | 离婚 |
|---|---|---|---|---|
| 居民人数/人 | 563254 | 7865556 | 695114 | 101112 |
| 死亡人数/人 | 1921 | 44963 | 33960 | 924 |
| 死亡率/‰ | 3.411 | 5.716 | 48.855 | 9.138 |

表 1.1 告诉我们,丧偶的死亡率很高; 相对于未婚和有配偶,离婚的死亡率也不低. 但十分蹊跷的是,未婚的死亡率居然比有配偶的低. 难道说结婚不利于人体健康?丧偶与离婚的死亡率比较高,这些不难理解. 配偶丧亡给丧偶者带来巨大的心理创伤,离婚也会带来心理创伤,因而丧偶与离婚极有可能使其免疫功能下降,容易发生感染和疾病,危及生命. 未婚的死亡率比有配

偶的低,让人感到不可思议.它是不是错觉?如果是错觉,那它为什么会发生?这就需要人们深入思考,根据经验加以判断.

至今未婚的人并不一定终身未婚,有很多是晚婚.由此看来,年龄越来越大,未婚的人会越来越少.不难想象,在未婚的人群中年轻人多而老年人少.相对于未婚的人群,在有配偶的人群中年轻人少老年人多.由于年轻人的死亡率显然比年老的低,所以把年轻的与年老的合在一起计算死亡率,由于未婚的年轻人多老年人少,而有配偶的年轻人少老年人多,这很可能就是未婚的死亡率比有配偶的低的原因.这仅是我们的判断,真实情况如何,看下面的数据分析.

根据 1990 年上海市第四次人口普查资料制作了表1.2.由表1.2可知未婚的人数为563254人,其中,青年的比例高达 80.68%,它比有配偶的人中 (7865556 人) 青年的比例 (31.39%) 高得多;但中年与老年的比例却是有配偶的比未婚的高,尤其是有配偶的老年比例 (16.13%) 几乎是未婚的老年比例 (2.32%) 的 7 倍多.

为说明未婚的死亡率比有配偶的低究竟是不是错觉,下面分别计算青年、中年与老年中未婚与有配偶的死亡率,见表 1.3.分开来看,无论是青年、中年还是老年都是未婚的死亡率比有配偶的高.由此看来,将 25 岁及以上的人合在一起得出的结论:"未婚的死亡率比有配偶的低"是一个错觉.

**表 1.2 未婚与有配偶的年龄结构**

| 年龄段 | 未婚 | | 有配偶 | |
| --- | --- | --- | --- | --- |
| | 人数/人 | 比例/% | 人数/人 | 比例/% |
| 青年 (25~34 岁) | 454458 | 80.68 | 2469311 | 31.39 |
| 中年 (35~54 岁) | 95738 | 17.00 | 4127772 | 52.48 |
| 老年 (55 岁及以上) | 13058 | 2.32 | 1268473 | 16.13 |
| 合计 | 563254 | 100.00 | 7865556 | 100.00 |

**表 1.3 青年、中年与老年的未婚与有配偶的死亡率**

| 年龄段 | 未婚 | | |
| --- | --- | --- | --- |
| | 居民人数/人 | 死亡人数/人 | 死亡率/% |
| 青年 | 454458 | 678 | 1.492 |
| 中年 | 95738 | 596 | 6.225 |
| 老年 | 13058 | 647 | 49.548 |

| 年龄段 | 有配偶 | | |
| --- | --- | --- | --- |
| | 居民人数/人 | 死亡人数/人 | 死亡率/% |
| 青年 | 2469311 | 1295 | 0.524 |
| 中年 | 4127772 | 10288 | 2.492 |
| 老年 | 1268473 | 33380 | 26.315 |

*007*

俗话说,有比较才能鉴别.必须注意的是,比较有风险,有可能形成错觉.例如,根据表 1.1 比较未婚与有配偶的死亡率,得出的结论:"未婚的死亡率比有配偶的低" 就是错觉.**分开来看是识别错觉的一个好方法.** 表 1.3 按年龄划分,分别计算青年、中年与老年中未婚与有配偶的死亡率.如何划分,这要具体问题具体分析,不能一概而论. 当然, 识别错觉并不总是使用分开来看这个方法.

某校设有心理咨询中心, 常有校内学生去中心进行心理咨询. 20%来咨询的学生说他们很压抑, 甚至想自杀. 心理咨询中心的老师据此推测, 我们学校中 20%的学生有自杀的倾向. 这样的推测不可信. 这个错觉造成的原因是, 为了解全体学生的心理健康, 却仅把来咨询的学生看成样本.

某人观察发现城市郊区环境清洁安静的地方肺结核病人比较多, 而在其他地方肺结核病人却比较少. 难道生活在环境清洁安静的地方容易得肺结核? 不难解释这个奇怪的现象. 为什么城市郊区环境清洁安静的地方肺结核病人比较多, 其实原因很简单, 那是因为很多的肺结核病人为安心静养, 迁移到环境好的地方去的缘故.

**错觉的识别方法不能一概而论, 它依赖于人的判断、灵活性以至灵感, 绝不能机械地照搬.** 正如南宋诗人陆游在《游山西村》中所说的, "山重水复疑无路, 柳暗花明又一村". 在感到蹊跷, 想方设法识别了错觉之后, 你就会顿觉豁然开朗, 喜形于色.

## 1.3  没有最好, 只有更好

艺术基本上是形象思维. 一般来说, 人的音乐、绘画、语言表达、情感、知觉、想象等功能属形象思维. 形象思维离不开直感、联想与创造性. 同一个事物的形象可表达为不同的艺术形式. 例如, 某位摄影师说, 他们去遥远的山寨采风, 有人将所拍的一组摄影照名曰《苦难岁月》, 有人将随后举办的摄影展唤作《世外桃源》. 看来, 人生的许多苦乐, 似乎不在于你的处境, 而在于你的心境. 心境决定了一个人看待境遇的角度. 又好比说画画, 同一个景色在不同画家的笔下会呈现不同的意境. 唱歌也是如此. 同一首乐曲, 可以用钢琴演奏, 也可以用小提琴、二胡演奏, 还可以用口哨演奏; 同一首歌可以民族唱法, 也可以美声唱法, 还可以通俗唱法. 事实上, 歌曲体现的意境与歌手以及观众的心境有关, 不同环境下听同一首歌曲的感受很可能是不一样的. 统计学也有这样的情况, 同样的信息可以用不同的方式来描述; 同一个问题可以有众多不一样的解法. 不同的人处理分析同样一组数据, 很可能使用不同的方法, 得到不尽相同的结论. 他们写着不一样的文章, 讲着不一样的故事. 看以下例子.

009

　　红铃虫的产卵数与温度的一组数据见表 1.4[5]. 表 1.4 告诉我们, 红铃虫的产卵数与温度正相关, 温度越高, 产卵数越多.

　　除了列表, 还可以画产卵数与温度的散点图.

本书使用 Excel 画散点图. 将 "温度" 视为自变量 $x$, "产卵数" 视为因变量 $y$. 打开 Excel, 点击 "插入"(insert) 中的 "散点图"(scatter), 即得 $y$(产卵数) 和 $x$(温度) 的散点图, 见图 1.3. 相比于列表, 散点图更为常用, 尤其是数据很多, 看上去杂乱无章的时候. 散点图能直观地显示出, 两个变量是否相关以及如若相关, 它们是正相关, 还是负相关.

表 1.4　红铃虫的产卵数与温度

| 温度 $x$ | 产卵数 $y$ |
| --- | --- |
| $x_1 = 21$ | $y_1 = 7$ |
| $x_2 = 23$ | $y_2 = 11$ |
| $x_3 = 25$ | $y_3 = 21$ |
| $x_4 = 27$ | $y_4 = 24$ |
| $x_5 = 29$ | $y_5 = 66$ |
| $x_6 = 32$ | $y_6 = 115$ |
| $x_7 = 35$ | $y_7 = 325$ |

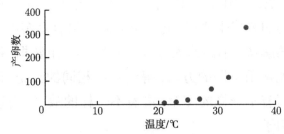

图 1.3　红铃虫的产卵数与温度

在知道了这两个变量正相关之后, 很自然地还想知道产卵数 $y$ 究竟是如何依赖于温度 $x$ 的. 表 1.4 中有 7 对数据 $(x_1, y_1), \cdots, (x_7, y_7)$, 使用拉格朗日插值公式, 就可得到 6 阶多项式: $y = a_6 x^6 + \cdots + a_1 x + a_0$, 使得这 7 对数据点全都在这个 6 阶多项式函数曲线上. 令

$$g_k(x)$$
$$= \frac{(x - x_1) \cdots (x - x_{k-1})(x - x_{k+1}) \cdots (x - x_7)}{(x_k - x_1) \cdots (x_k - x_{k-1})(x_k - x_{k+1}) \cdots (x_k - x_7)},$$
$$k = 1, \cdots, 7$$

则这 7 对数据点的拉格朗日插值 6 阶多项式为

$$y = \sum_{k=1}^{7} y_k g_k(x)$$
$$= 0.004699274 x^6$$
$$- 0.769815467 x^5 + 52.23089529 x^4$$
$$- 1878.623906 x^3 + 37778.60197 x^2$$
$$- 402745.7917 x + 1778289.978$$

这个 6 阶多项式函数曲线经过所有的 7 对数据点 (图 1.4), 它们完全拟合. 完全拟合的多项式函数曲线有上升的趋势, 但波浪起伏. 若用它来描述产卵数 $y$ 是如何依赖温度 $x$ 的, 就会发生时而上升时而下降弯弯曲曲的奇异现象. 因而完全拟合看似完美, 但不符合情理. 由此看来, 完全拟合的拉格朗日插值 6 阶多项式并不适合用来表示产卵数 $y$ 关于温度 $x$ 的依赖关系.

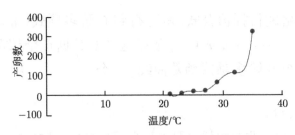

图 1.4　完全拟合的 6 阶多项式函数曲线

　　完全拟合的多项式函数曲线之所以波浪起伏, 用它来描述产卵数 $y$ 是如何依赖温度 $x$ 的, 会发生时而上升时而下降弯弯曲曲的奇异现象, 是因为表 1.4 的数据并不精准, 它有随机误差. 红铃虫的产卵数 $y$ 除了与温度 $x$ 有关之外, 还可能与食物是否充足、受精的时间以及空气的湿度与风力等因素有关. 所以观察值 $y$ 并不等于 $f(x)$, 而是等于 $f(x)+\varepsilon$, 其中, $\varepsilon$ 表示温度之外的其他因素引起的误差. 可想而知, 若在同样的温度下重复观察红铃虫的产卵数, 它们的观察值极有可能不尽相同. 由此可见, 只有将误差 $\varepsilon$ 从观察值 $y$ 之中分离出来, $y-\varepsilon$ 才等于 $f(x)$. 完全拟合没有把误差 $\varepsilon$ 分离出来, 直接根据 $y$ 来拟合. 因为其中有误差, 所以完全拟合得到的多项式函数曲线是波浪起伏的. 如何分离误差, 仁者见仁智者见智, 观察角度的不同, 思维方式的差异, 导致不同的人有不同的见解. 不一样的分离误差的求解方法, 很难说, 其中哪一个是最好的.

本书使用 Excel, 分离误差 $\varepsilon$, 寻找 $f(x)$. 由于 $y = f(x) + \varepsilon$, 因而所要寻找的 $f(x)$ 可理解为, 当温度 $x$ 变化时, $f(x)$ 是产卵数 $y$ 的变化趋势. 光标移至散点图中的数据点, 然后右击鼠标, 点击 "添加趋势线"(add trenline). 趋势线菜单 (trendline options) 上有指数 (exponential)、线性 (linear) 等. 其默认值为线性. 线性趋势线显示在散点图上, 见图 1.5. 看来, 线性趋势线与数据点的拟合情况比较差.

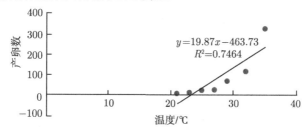

图 1.5　线性趋势线

在趋势线菜单中点击 "显示方程"(display equation on chart), 则趋势线的方程显示在散点图上. 线性趋势线方程见图 1.5. 数据点有的离趋势线比较远, 有的比较近. 合起来看, 所有这些数据点与趋势线的总的拟合程度可用 $R^2$ 来度量. 在趋势线菜单中点击 "显示 $R^2$ 值"(display R-squared on chart), 则 $R^2$ 的数值显示在散点图上. $R^2$ 值在 0 与 1 之间. $R^2$ 越接近 1, 这些数据点与趋势线越是拟合. 线性趋势线的 $R^2$ 值见图 1.5.

若点击"指数"、"对数"(logarithmic)、"幂"(power) 或 "多项式"(polynomial), 则散点图上显示的是指数、对数、幂函数或多项式趋势线. 点击多项式, 多项式的阶 (order) 的默认值为 2. 若依次增加多项式的阶, 则随着阶的增加, $R^2$ 值将越来越大. Excel 中多项式的阶至多设定为 6 阶. 表 1.4 有 7 对数据, 因而当多项式的阶增加到 6 时, 其 $R^2$ 值将等于 1. 散点图上的 7 对数据点全都在 6 阶多项式趋势线上, 达到完全拟合 (图 1.4). 尝试用各种类型的趋势线去拟合数据, 比较分析后不难得到指数、幂函数与 4 阶多项式 3 个可供采用的趋势线, 见表 1.5.

表 1.5　指数、幂函数与 4 阶多项式趋势线

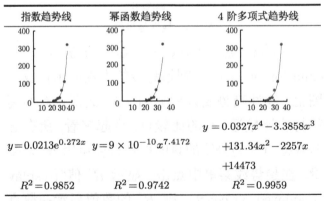

| 指数趋势线 | 幂函数趋势线 | 4 阶多项式趋势线 |
|---|---|---|
| | | $y = 0.0327x^4 - 3.3858x^3$ $+131.34x^2 - 2257x$ $+14473$ |
| $y = 0.0213\mathrm{e}^{0.272x}$ | $y = 9 \times 10^{-10}x^{7.4172}$ | |
| $R^2 = 0.9852$ | $R^2 = 0.9742$ | $R^2 = 0.9959$ |

4 阶多项式趋势线的 $R^2$ 值最大, 几乎等于 1, 它与数据点的拟合程度最高. 它的缺点不仅在于公式复杂, 还在于很难对其作出统计解释.

指数与幂函数趋势线虽然拟合情况不如 4 阶多项式, 但它们公式比较简单, 而且容易给出统计解释. 指数趋势线 $y = 0.0213\mathrm{e}^{0.272x}$ 的意思是说, 若温度从 $x$℃ 上升到 $(x+1)$℃, 由于

$$\frac{0.0213\mathrm{e}^{0.272(x+1)}}{0.0213\mathrm{e}^{0.272x}} = \mathrm{e}^{0.272} = 1.3126$$

因而温度上升 1℃, 产卵数就大致增加到原有的 1.3126 倍. 这就是指数趋势线中的系数 0.272 的统计解释. 幂函数趋势线 $y = 9 \times 10^{-10} x^{7.4172}$ 的意思是说, 温度上升到原有温度的 1.1 倍, 产卵数就大致增加到原有的 $1.1^{7.4172} = 2.0278$ 倍. 这就是幂函数趋势线中的系数 7.4172 的统计解释. 当然, 统计解释有没有实际意义, 这最终有赖于昆虫研究的专门知识. 指数、幂函数与 4 阶多项式趋势线都意味着红铃虫的产卵数与温度正相关. 他们所描述的正相关的程度是有差别的, 随着温度上升, 指数趋势线的产卵数增加得最快, 其次是指数为 7.4172 的幂函数, 上升最慢的是 4 阶多项式趋势线. 究竟哪一个趋势线描述的正相关程度比较恰当, 这也有赖于昆虫研究的专门知识.

　　使用 Excel 尝试比较分析后得到的指数、幂函数与 4 阶多项式这 3 个趋势线中, 究竟选用哪一个, 这很大程度上取决于个人的经验、悟性与偏好. 由此看来, 不同的人处理分析同样一组

数据, 很可能得到不尽相同的结论.

下面这个例子摘自《非寿险精算基础》[6]. 某保险公司 100 个赔款样本的赔款额数据见表 1.6. 对这个赔款额问题而言人们最为关心的是, 数据中有没有特大的赔款额. 倘若有离群异常数据, 其赔款额比其余的大很多, 则人们就需要对这个个案进行仔细分析, 它为什么如此之大. 表 1.6 的数据中没有特大的离群异常数据, 此时人们往往就没有必要对案例一个个地进行分析, 而是总体来看这 100 个赔款额数据有怎样的变化趋势, 并据此推测赔款额的分布情况.

**表 1.6　赔款额**

| 赔款额/美元 | 赔款次数/次 | 频率 |
|---|---|---|
| 0~400 | 2 | 0.02 |
| 400~800 | 24 | 0.24 |
| 800~1200 | 32 | 0.32 |
| 1200~1600 | 21 | 0.21 |
| 1600~2000 | 10 | 0.10 |
| 2000~2400 | 6 | 0.06 |
| 2400~2800 | 3 | 0.03 |
| 2800~3200 | 1 | 0.01 |
| 3200~3600 | 1 | 0.01 |
| 3600~ | 0 | 0.00 |
| 合计 | 100 | 1.00 |

一般来说, 大赔款额损失发生的概率比较小. 但小概率的大损失事件一旦发生, 将影响保

险公司的正常运营. 为防范风险, 保险公司希望由 0~3600 美元的这 100 个赔款额数据往外推测大赔款额损失的发生, 例如, 赔款额超过 4000 美元的概率. 为此画这一批赔款额样本数据的直方图, 见图 1.6. 根据直方图推测赔款额的分布情况, 并据此推测大赔款额损失发生的概率.

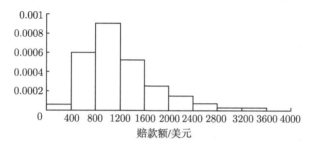

图 1.6  赔款额的直方图

为了让我们直观地感受到赔款额的分布情况, 直方图中长方形的高并不等于频率, 而是其面积等于频率. 例如, 底边为 0~400 的第一个长方形的面积等于赔款额在 0~400 的频率 0.02. 这好比有 2% 的赔款额挤在 0~400, 一排排的排上去. 由此算得这个长方形的高等于 0.02 除以 400, 等于 0.00005. 其他各个长方形的面积与高以此类推. 由此可见, 直方图中各个长方形的面积之和等于 100%. 它的意思是说, 所有的数据都在直方图里面.

直方图 1.6 的各个长方形的底边都一样长, 所以取长方形的面积等于频率画直方图, 与取长方形的高等于频率画直方图,他们有着相同的变化趋势,都能使我们直观地感受到赔款额的分布情况. 有的时候根据具体情况需要画长方形底边不一样长的直方图. 底边不一样长时,取长方形的高等于频率画直方图,与取长方形的面积等于频率画直方图,他们很有可能显示出不同的分布情况. 例如,将图 1.6 中底边为 1200~1600 美元、1600~2000 美元与 2000~2400 美元这三个长方形合并在一起,画底边为 1200~2400 美元的长方形. 赔款额在 1200~2400 美元的频率为 0.21+0.10+0.06=0.37. 倘若取长方形的高等于频率画直方图,则合并后的底边为 1200~2400 美元的长方形的高等于 0.37,它将是直方图中最高的长方形. 这会形成一个错觉,错认为索赔次数分布的最高点在 1200~2400 美元,而不是在 800~1200 美元. 这就是直方图中长方形的面积等于频率,而不是长方形的高等于频率的一个原因.

这个直方图单峰右偏斜,其形状有点像儿童玩的滑梯,左边一头的楼梯陡直到顶部,而右边另一头滑梯渐渐倾斜到地面. 右偏斜的直方图 1.6 直观地告诉我们,800~1200 美元的赔款最多,右边也就是大的一头尾巴拖得长. 因为样本数据中没有超过 3600 美元的赔款额,所以右边的尾巴拖到 3600 美元为止. 但这并不是说赔款额不可能超过 3600 美元, 3600 美元之后就没有尾巴了. 可以想象, 赔款额的分布在右边有一个长尾巴. 仅是因为我们只有 100 个赔款样本, 所以没有看到那个尾巴. 如果有更多, 例如 1000或 10000 个赔款样本, 直方图右边就会更长, 右尾巴就很有可能一点点地显现出来了. 赔款额超过 3600 美元, 甚至超过更大, 例如 4000 美元都是有可能发生的. 为了推测大赔款额损失发生的概率有多大, 就需根据 0∼3600 美元的这100 个赔款额数据, 推测 3600 美元之后有怎样的尾巴. 赔款额超过, 例如 4000 美元的概率, 通常将它形象化地称为赔款额分布的右尾部概率. 推测右尾部概率的关键在于, 拟合一条与直方图1.6 的单峰右偏斜的变化趋势相一致的曲线, 见图 1.7.

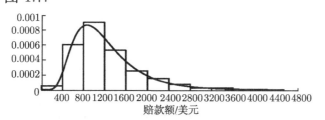

图 1.7　直方图与其拟合曲线

　　如同直方图中各个长方形的面积之和等于1, 这条曲线与横坐标轴之间的面积须等于 1. 它的意思是说, 所有的赔款额都在曲线与横坐标轴之间. 事实上, 这个要求是说拟合一个分布, 这条曲线其实就是这个分布的密度函数的图像.坐标值超过 4000 美元的横坐标轴与曲线之间的尾部面积 (图 1.8), 也就是这个分布大于 4000 美元的尾部概率, 就是所要推测的赔款额超过 4000 美元的概率.

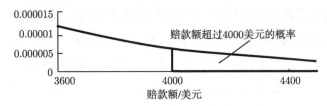

图 1.8　尾部概率

拟合一条与直方图 1.6 的变化趋势相一致的曲线, 实际上就是在推测赔款额的精确分布. 人们难以得到全部信息, 得到的很可能是部分信息, 例如, 仅 100、1000 个或更多有限个赔款样本的赔款额的观察数据. 显然, 根据部分信息推测赔款额的精确分布, 其解难以做到完全准确适用. 每个人都有着自己不同的经验, 不同的人对于同一个问题的理解, 对于部分信息的领悟以及由部分推断总体采用的方法, 都很有可能不尽相同. **同一个统计问题可能用不同的模型来描述. 对统计问题而言, 任何一种模型都不能说完全准确适用**.

考虑到对数正态分布的概率密度函数画出来的曲线单峰右偏斜, 因而《非寿险精算基础》[6]一书采用对数正态分布模型描述赔款额的分布情况. 记赔款额为 $y$. 称 $y$ 服从对数正态分布, 意思是说 $\ln y$ 服从正态分布 $N(\mu, \sigma^2)$. 对数正态分布的概率密度函数为

$$f(y; \mu, \sigma) = \frac{1}{\sigma y \sqrt{2\pi}} \exp\left\{-\frac{(\ln y - \mu)^2}{2\sigma^2}\right\}, \quad y > 0$$

其中, $\mu$ 与 $\sigma > 0$ 未知. 接下来需要解决的问题就是, 计算 $\mu$ 与 $\sigma$ 的估计值, 以使得这条对数正态分布的单峰右偏斜的曲线与 100 个赔款额样本数据的直方图 1.6 相接近.

021

表 1.6 并没有给出保险赔款额数据的精确数值, 仅告诉我们数据在怎样的数值范围之内. 通常称这样的数据为区间 (组) 数据. 用来处理区间数据的一个简单方法, 就如《非寿险精算基础》一书所说的, 假定表 1.6 各组的赔款次数是指各组中间赔款额的赔款次数. 例如, 第 1 组 "有 2 项索赔的赔款额在 0~400 美元" 就简单地理解为, "中间赔款额为 200 美元的索赔有 2 项", 以此类推. 基于这个假定, 该书用矩估计方法计算了对数正态分布参数 $\mu$ 与 $\sigma$ 的矩估计值: $\hat{\mu} = 6.993$, $\hat{\sigma} = 0.469$. 使用 Excel 在某一单元格输入

$$= 1 - \text{normdist}(\ln(4000), 6.993, 0.469, 1)$$

即得正态分布 $N(6.993, 0.469^2)$ 大于 $\ln(4000)$ 的概率 0.00277, 也就是算得赔款额 $y$ 超过 4000 美

元的尾部概率的估计值:

$$P(y > 4000) = P(\ln y > \ln(4000))$$
$$= P(N(6.993, 0.469^2) > \ln(4000))$$
$$= 0.00277$$

每 1000 笔赔款额中大约有 3 笔超过 4000 美元.

**统计问题的解答没有最好, 只有更好.** 上述的解答至少有两个问题值得我们推敲. 第一个问题是, 假定 "各组的赔款次数是各组中间赔款额的赔款次数" 是否合理? 显然, 这个假定并不十分准确. 正如《非寿险精算基础》一书所说的, 对于偏斜分布而言, 这个假定尤为不准确. 既然赔款额的分布单峰右偏斜, 那我们能不能直接根据表 1.6 的区间数据来进行计算? 第二个问题就是, 在知道了模型分布的概率密度之后, 相对于矩估计法而言, 最大似然估计法较为有效. 能不能根据区间数据计算最大似然估计? 对区间数据而言, 实施最大似然估计法的困难在于, 它通常没有估计的显式表示. **统计问题的解不求完美, 但求实在, 能解决问题就行.** 区间数据的最大似然估计可利用优化计算的方法, 如 Excel 的规划求解功能来进行迭代计算, 得到显式最优解当然比迭代计算求出最优解完美得多. 但对实际问题而言, 最重要的是眼下的问题能否得到解决. 在没有显式最优解的情况下, 迭代计算求最优解不失为一个好方法.

使用优化迭代计算, 得到对数正态分布参数 $\mu$ 与 $\sigma$ 的最大似然估计值: $\hat{\mu} = 6.991, \hat{\sigma} = 0.477$, 并据此算得赔款额 $y$ 超过 4000 美元的尾部概率的估计值:

$$
\begin{aligned}
P(y > 4000) &= P(\ln y > \ln(4000)) \\
&= P(N(6.991, 0.477^2) > \ln(4000)) \\
&= 0.00315
\end{aligned}
$$

根据最大似然法, 每 1000 笔赔款额中大约有 3 笔超过 4000 美元. 这比用矩估计法得到的结果稍大一些.

事实上, 图 1.7 的曲线就是根据对数正态分布的概率密度函数画出来的. 图 1.7 直观地告诉我们, 直方图 1.6 与该曲线的拟合情况甚好, 两者的变化趋势相吻合. 此外, 还可通过计算, 量化这两者之间的拟合程度. 直方图中长方形的面积等于赔款额落入相应区间的观察频率, 而对数正态分布曲线下方的一个个曲边梯形的面积分别等于赔款额落入相应区间的概率. 曲线拟合的好坏就是看一个个区间上的频率与概率有多大的偏差, 偏差越小, 拟合得越好. 各个区间上的频率与概率的数值以及它们之间的偏差见表 1.7.

表 1.7 的各项偏差都不大, 100 个赔款样本的赔款额数据用对数正态分布模型来拟合, 看来

是合适的. 直方图在 0~3600 美元, 右边看不到尾巴. 而对数正态分布曲线的右边有长长的尾巴, 由此可算得赔款额超过 3600 美元的概率为 0.006(见表 1.7 的最后一行). 也就是说, 利用对数正态分布, 我们可以由 0~3600 美元的 100 个赔款额数据外推赔款额超过 3600 美元或更大的概率. 表 1.7 中的偏差, 有的为正, 有的为负, 有的绝对值比较大, 而有的比较小. 著名英国统计学家卡尔 · 皮尔逊 (Karl Pearson, 1856~1936) 提出了一个指标

$$\chi^2 = n \cdot \sum \frac{(\text{频率} - \text{概率})^2}{\text{概率}} = n \cdot \sum \frac{\text{偏差}^2}{\text{概率}}$$

表 1.7  频率与对数正态分布的概率以及它们的偏差

| 赔款额/美元 | 频率 | 对数正态分布的概率 | 偏差 |
|---|---|---|---|
| 0~400 | 0.02 | 0.018 | 0.002 |
| 400~800 | 0.24 | 0.242 | −0.002 |
| 800~1200 | 0.32 | 0.322 | −0.002 |
| 1200~1600 | 0.21 | 0.209 | 0.001 |
| 1600~2000 | 0.10 | 0.108 | −0.008 |
| 2000~2400 | 0.06 | 0.052 | 0.008 |
| 2400~2800 | 0.03 | 0.025 | 0.005 |
| 2800~3200 | 0.01 | 0.012 | −0.002 |
| 3200~3600 | 0.01 | 0.006 | 0.004 |
| 3600~ | 0.00 | 0.006 | −0.006 |

它将表 1.7 的这些偏差综合在一起, 用以衡量分布曲线与直方图的拟合程度, 其中, $n$ 是样本量, 对这个赔款额问题而言, $n = 100$. 皮尔逊

提出的这个指标通常称为 $\chi^2$ 统计量. 关于皮尔逊的 $\chi^2$ 统计量的详细讨论请参阅《属性数据分析》[7] 一书的第二章.

直方图 1.6 表明赔款额分布是单峰右偏斜. 单峰右偏斜的分布模型除了对数正态分布之外, 还有《非寿险精算基础》一书所介绍的帕雷托分布与伽马分布. 帕雷托分布有一个左截断参数. 对于表 1.6 所示的保险赔款额的区间数据, 难以使用帕雷托分布模型. 下面我们用伽马分布拟合表 1.6 的赔款额数据. 伽马分布 $\Gamma(\alpha, \beta)$ 的密度函数为

$$f(y; \alpha, \beta) = \frac{1}{\beta^\alpha \Gamma(\alpha)} y^{\alpha-1} \exp\left\{-\frac{y}{\beta}\right\}, \quad y > 0$$

其中, $\alpha, \beta > 0$ 皆未知, 待估计. 优化迭代算得伽马分布参数 $\alpha$ 和 $\beta$ 的最大似然估计: $\hat{\alpha} = 4.519$, $\hat{\beta} = 268.945$. 使用 Excel 输入

$= 1 - \text{gammadist}(4000, 4.519, 268.945, 1)$

即得赔款额超过 4000 美元的尾部概率的估计值:

$$P(\Gamma(4.519, 268.945) > 4000) = 0.000498$$

每 1000 笔赔款额中大约只有 0.5 笔超过 4000 美元. 这远低于用对数正态分布得到的尾部概率的估计. 表 1.6 的赔款额都在 3600 美元之内. 根据这些数据外推估计赔款额超过 4000 美

元的尾部概率应小心谨慎. 为防范风险, 保险公司不能低估大赔款额的尾部概率, 而伽马分布模型将大赔款额损失发生的概率估计得过低. 由此看来, 本题使用伽马分布模型不是十分安全, 比较冒险. 也就是说, 风险比较大, 不够稳健.

直方图 1.6 与由伽马分布概率密度函数画出的曲线的拟合情况见图 1.9. 各个区间上的频率与伽马分布概率的数值以及它们之间的偏差见表 1.8. 比较图 1.9 与图 1.7, 以及表 1.8 与表 1.7, 看来伽马分布的拟合情况不如对数正态分布. 在伽马分布不太合适时, 可考虑选用对数伽马分布模型. 一般来说, 取了对数之后的模型, 例如, 对数伽马分布模型的尾部概率比原先的伽马分布模型的尾部概率大. 又如, 对数正态分布模型的尾部概率比正态分布模型的尾部概率大. 而且, 取了对数之后的模型, 由其概率密度函数画出来的那条曲线, 往往比原先模型的那条曲线来得更为右偏斜.

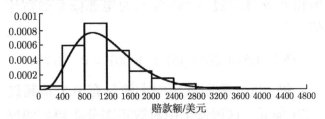

图 1.9　伽马分布曲线与直方图

记赔款额为 $y$. 称 $y$ 服从对数伽马分布, 意

思是说 $\ln y$ 服从伽马分布 $\Gamma(\alpha,\beta)$. 对数伽马分布的概率密度函数为

$$\frac{1}{y\beta^\alpha\Gamma(\alpha)}(\ln y)^{\alpha-1}\exp\left\{-\frac{\ln y}{\beta}\right\}, \quad y>0$$

其中, $\alpha,\beta>0$ 皆未知, 待估计. 优化迭代算得对数伽马分布参数 $\alpha$ 和 $\beta$ 的最大似然估计: $\hat{\alpha}=215.190$, $\hat{\beta}=0.0325$ 以及赔款额超过 4000 美元的尾部概率的估计值:

$$P(\Gamma(215.190,0.0325>\ln(4000))=0.00470$$

每 1000 笔赔款额中大约有 5 笔超过 4000 美元. 这比对数正态分布模型的每 1000 笔赔款额中大约有 3 笔超过 4000 美元的估计要大.

表 1.8　频率与伽马分布的概率以及它们的偏差

| 赔款额/美元 | 频率 | 伽马分布的概率 | 偏差 |
| --- | --- | --- | --- |
| 0~400 | 0.02 | 0.034 | −0.014 |
| 400~800 | 0.24 | 0.218 | 0.022 |
| 800~1200 | 0.32 | 0.300 | 0.020 |
| 1200~1600 | 0.21 | 0.226 | −0.016 |
| 1600~2000 | 0.10 | 0.126 | −0.026 |
| 2000~2400 | 0.06 | 0.058 | 0.002 |
| 2400~2800 | 0.03 | 0.024 | 0.006 |
| 2800~3200 | 0.01 | 0.009 | 0.001 |
| 3200~3600 | 0.01 | 0.003 | 0.007 |
| 3600~ | 0.00 | 0.002 | −0.002 |

　　直方图 1.6 与由对数伽马分布概率密度函数画出的曲线的拟合情况见图 1.10. 各个区间

上的频率与伽马分布概率的数值以及它们之间
的偏差见表 1.9. 如同对数正态分布, 表 1.6 的
100 个赔款样本的赔款额数据用对数伽马分布模
型来拟合, 看来也是合适的.

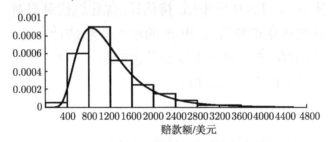

图 1.10　对数伽马分布曲线与直方图

**表 1.9　频率与对数伽马分布的概率以及它们的偏差**

| 赔款额/美元 | 频率 | 对数伽马分布的概率 | 偏差 |
|---|---|---|---|
| 0~400 | 0.02 | 0.014 | 0.006 |
| 400~800 | 0.24 | 0.248 | −0.008 |
| 800~1200 | 0.32 | 0.326 | −0.006 |
| 1200~1600 | 0.21 | 0.204 | 0.006 |
| 1600~2000 | 0.10 | 0.104 | −0.004 |
| 2000~2400 | 0.06 | 0.051 | 0.009 |
| 2400~2800 | 0.03 | 0.025 | 0.005 |
| 2800~3200 | 0.01 | 0.013 | −0.003 |
| 3200~3600 | 0.01 | 0.007 | 0.003 |
| 3600~ | 0.00 | 0.008 | −0.008 |

　　对于表 1.6 的赔款额数据, 我们给出了三种
不同的模型: 对数正态分布模型、伽马分布模型
与对数伽马分布模型. 下面对这三种模型作一
个比较分析. 从图 1.11 可以看到, 这三个模型的

曲线都是单峰右偏斜, 其变化趋势与直方图 1.6
的相吻合. 对数伽马分布与对数正态分布模型的
曲线与直方图较为接近, 而伽马分布模型的虽然
与直方图趋同变化, 但相离较远.

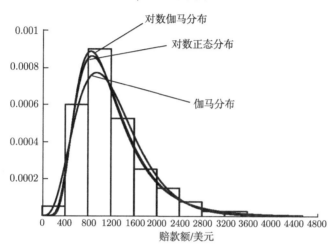

图 1.11 赔款额的直方图以及对数正态、对数伽马与伽马模型

一般来说, 大损失发生的概率比较小. 但小
概率的大损失事件一旦发生, 将影响保险公司的
正常运营. 为防范风险, 保险公司希望由 0~3600
美元的数据外推 3600 美元以外的索赔, 预测大
损失发生的概率. 图 1.12 是对数正态分布模型、
伽马分布模型与对数伽马分布模型在 3600 美元
以外的尾部的比较. 伽马分布趋向于 0 的速度
最快, 尾巴最薄. 倘若采用伽马分布, 则大损失
概率的预测值将很小, 为防范大损失提存的准备
金将会比较少. 这不利于保险公司稳健经营, 因

而公司大多不会选取伽马分布模型. 这一类经济
金融方面的数据适合选取尾部比较厚的分布, 例
如, 对数正态与对数伽马分布. 趋向于 0 的速度
最慢的是对数伽马分布, 尾巴最厚. 对数正态分
布的速度比对数伽马分布稍快一些, 但两者相差
不大. 这三个分布模型之中究竟采用哪一个, 这
依赖于决策者的经验, 依赖于决策者对未来的判
断, 也与决策者的价值观、偏好等有关.

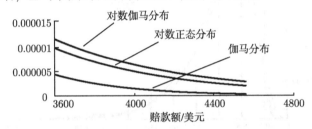

图 1.12    对数正态、对数伽马与伽马模型的尾部

如果采用对数伽马分布, 则大损失发生概率
的预测值比较大, 防范大损失的准备金将提存很
多, 公司经营很稳健. 相对于对数伽马分布, 对
数正态分布大损失发生概率的预测值稍小一些,
从而稍少提存防范大损失的准备金, 余下的资金
可用于公司其他的经营活动, 如投资. 倘若决策
者比较保守稳妥, 或依据经验推测公司未来遭遇
大损失的可能性比较大, 则他将倾向于选择对数
伽马分布模型. 而比较冒险进取的决策者, 或者
他依据经验推测公司未来遭遇大损失的可能性
不大, 则他将倾向于选择对数正态分布模型, 甚

至伽马分布模型.

统计问题的解答没有最好, 只有更好. 同一个统计问题可以有不同的解法. 哪一个更好, 这依赖于决策者的经验与悟性, 依赖于决策者对未来的判断, 也与决策者的价值观、偏好等有关. 由此看来, 统计问题的解答往往没有一个解是十全十美, 令所有人都满意的.

记得在中学做平面几何的证明题以及代数列方程求解未知数的时候, 最喜欢一题多解. 这里的一题多解意思是说, 证明的途径不同, 列出了不同的方程, 但最终得到的解是唯一的. 由此可见, 这个一题多解与统计问题有好多个解的含意是有区别的.

### 思 考 题 一

1. 1990 年第四次人口普查把文化程度分为 5 类: 文盲、小学、初中、高中中专、大专大学. 在过去的一年里上海市 25 岁及之上的人中, 各类文化程度的居民人数和死亡人数见表 1.10.

表 1.10　各类文化程度的居民人数与死亡人数

| 文化程度 | 文盲 | 小学 | 初中 | 高中中专 | 大专大学 |
| --- | --- | --- | --- | --- | --- |
| 居民人数/人 | 1461971 | 1870086 | 3113930 | 2091845 | 687195 |
| 死亡人数/人 | 43086 | 21917 | 10741 | 4038 | 1991 |

(1) 计算各类文化程度的死亡率. 死亡率与文化程

度有没有关系? 有没有发现令人感到蹊跷, 发人深思的现象?

(2) 令人感到蹊跷的现象可能是错觉, 也有可能的确如此, 是正觉. 分开来看是识别错觉的一个好方法. 那就需要寻找一个与死亡率有关系的量 (指标). 这样的指标有哪一些? 你认为按哪一个指标分开来计算死亡率比较适当?

(3) 年龄是影响死亡率的一个重要因素. 按年龄分组: 将 25 岁及以上的人相隔 5 岁为一组, 分为若干个年龄组. 各个年龄组、各类文化程度的居民人数和死亡人数分别见表 1.11 与表 1.12. 计算各个年龄组内各类文化程度的死亡率.

(4) 你所看到的令人感到蹊跷, 发人深思的现象是不是错觉? 倘若是错觉, 你认为这个错觉之所以形成, 原因何在?

表 1.11　居民人数

| 年龄/岁 | 文盲/人 | 小学/人 | 初中/人 | 高中与中专/人 | 大专与大学/人 |
|---|---|---|---|---|---|
| 25~29 | 11039 | 73080 | 515337 | 573426 | 126892 |
| 30~34 | 28622 | 130363 | 635948 | 766924 | 88318 |
| 35~39 | 62091 | 265754 | 849124 | 163206 | 89555 |
| 40~44 | 53095 | 255734 | 387253 | 175494 | 97436 |
| 45~49 | 73415 | 156885 | 177459 | 138857 | 85847 |
| 50~54 | 126260 | 181365 | 129127 | 87539 | 75622 |
| 55~59 | 221213 | 248252 | 155018 | 75524 | 52853 |
| 60~64 | 231459 | 211215 | 117121 | 48688 | 31199 |
| 65~69 | 217238 | 163334 | 79529 | 31860 | 19345 |
| 70~ | 437539 | 184104 | 68014 | 30327 | 20128 |

表 1.12  死亡人数

| 年龄/岁 | 文盲/人 | 小学/人 | 初中/人 | 高中与中专/人 | 大专与大学/人 |
|---|---|---|---|---|---|
| 25~29 | 61 | 81 | 373 | 227 | 40 |
| 30~34 | 96 | 172 | 571 | 381 | 24 |
| 35~39 | 128 | 370 | 882 | 111 | 34 |
| 40~44 | 156 | 484 | 585 | 197 | 64 |
| 45~49 | 235 | 459 | 442 | 239 | 123 |
| 50~54 | 573 | 819 | 510 | 281 | 179 |
| 55~59 | 1512 | 1815 | 975 | 372 | 205 |
| 60~64 | 2705 | 2633 | 1230 | 391 | 203 |
| 65~69 | 4282 | 3467 | 1430 | 457 | 236 |
| 70~ | 33338 | 11617 | 3743 | 1382 | 883 |

2.《芝加哥商业报》, 简称《商业报》把调查表分发给 1200 家大公司, 有 168 家公司回答了问题. 在这 168 家公司中只有 56 家公司说他们的产品涨价了, 产品涨价的公司所占的比例为 56/168=1/3. 据此《商业报》报道说, 有 2/3 的公司的产品没有涨价. 这项报道可信吗? (这个问题来自参考书目 [4] 的第 10 章).

3. 为评估某种药对防止心梗是否有效, 多家医院的心内科医生征询来看病的心脏有问题的患者, 是否愿意服用这个药, 共有 625 名患者同意服用. 在长达 6 年的跟踪观察中有不少患者没有坚持服药. 6 年跟踪期间坚持服药的 412 名患者中有 40 人死于心梗, 死亡率为 9.7%. 没有坚持服药的 213 名患者中有 38 人死于心梗, 死亡率为 17.8%, 几乎是坚持服药的死亡率的 2 倍. 这是否能有力地说明药对防止心梗有效?

4. 某企业开发生产一个新产品. 这个新产品有三个投资策略: 引进国际上先进的生产线, 将企业原有的生产线加以改进以及部分生产线在国际上引进, 部分是原有生产线的改进. 这项决策问题的不确定性因素是市场情况多变, 新产品有可能畅销, 也有可能良好、较差, 甚至滞销. 经研究分析, 不同策略不同市场情况新产品的销售收益见表 1.13.

表 1.13　新产品的投资策略、市场情况与收益

(单位: 百万元)

| 投资策略 | 市场情况 | | | |
|---|---|---|---|---|
| | 畅销 | 良好 | 较差 | 滞销 |
| 引进生产线 | 80 | 40 | −30 | −70 |
| 部分引进部分改进 | 55 | 37 | −15 | −40 |
| 改进原生产线 | 31 | 31 | 9 | −1 |

(1) 冒险富有进取性的管理者倾向于采用最大收益最大化准则 (maximax), 比较各个策略的最大收益, 将最大收益最大化. 分别计算这三个投资策略的最大收益, 并将算得结果填写在表 1.14 的最右边一列上. 冒险进取的管理者倾向于采用哪一个投资策略? 采用这个投资策略有可能获得的最大收益是多少?

表 1.14　最大收益最大化准则

| 投资策略 | 市场情况 | | | | 最大收益 |
|---|---|---|---|---|---|
| | 畅销 | 良好 | 较差 | 滞销 | |
| 引进生产线 | 80 | 40 | −30 | −70 | |
| 部分引进部分改进 | 55 | 37 | −15 | −40 | |
| 改进原生产线 | 31 | 31 | 9 | −1 | |

(2) 保守稳妥的管理者倾向于采用最小收益最大化准则 (maximin), 比较各个策略的最小收益, 将最小收

益最大化. 分别计算这三个投资策略的最小收益, 并将算得结果填写在表 1.15 的最右边一列上. 保守稳妥的管理者倾向于采用哪一个投资策略? 采用这个投资策略确保收益至少有多少? 或者说至多亏损多少?

表 1.15 最小收益最大化准则

| 投资策略 | 市场情况 | | | | 最小收益 |
|---|---|---|---|---|---|
| | 畅销 | 良好 | 较差 | 滞销 | |
| 引进生产线 | 80 | 40 | −30 | −70 | |
| 部分引进部分改进 | 55 | 37 | −15 | −40 | |
| 改进原生产线 | 31 | 31 | 9 | −1 | |

(3) 除了冒险进取的最大收益最大化准则与保守稳妥的最小收益最大化准则之外, 比较著名的还有最大后悔最小化准则 (minimax). 这个准则是美国著名经济统计学家 Savage 提出的, 故又称 Savage 准则. 采用了某个决策之后决策人有可能感到满意, 也有可能感到失望、后悔. 例如, 在市场情况畅销时, 引进生产线是最优投资策略, 其收益 80 最大. 因而在市场情况畅销时, 若采用引进生产线的投资策略是不会后悔的, 其后悔值等于 0; 而若采用部分引进部分改进, 或改进原生产线的投资策略就会后悔, 它们的后悔值分别为 80 − 55 = 25 与 80 − 31 = 49. 算得的结果见表 1.16 的 "畅销" 这一列. 以此类推, 依次在市场情况良好、较差与滞销时分别计算这三个投资策略的后悔值, 并将它们分别填写在表 1.16 中. 然后分别计算这三个投资策略的最大后悔值, 并将算得结果填写在表 1.16 的最右边一列上. 根据最大后悔最小化准则, 管理者倾向于采用哪一个投资策

略? 采用这个投资策略管理者至多有多大的后悔值?

表 1.16　各个市场情况的各个投资策略的后悔值

| 投资策略 | 市场情况 | | | | 最大后悔值 |
|---|---|---|---|---|---|
| | 畅销 | 良好 | 较差 | 滞销 | |
| 引进生产线 | 0 | | | | |
| 部分引进部分改进 | 25 | | | | |
| 改进原生产线 | 49 | | | | |

(4) 倘若经讨论分析, 认为新产品销售情况畅销、良好、较差与滞销的概率分别等于 20%、40%、30% 与 10%, 见表 1.17. 此时可采用期望收益最大化准则, 比较各个投资策略的期望收益. 引进生产线的投资策略的期望收益为

$$80 \times 20\% + 40 \times 40\% + (-30) \times 30\% + (-70) \times 10\% = 16$$

算得的期望收益填写在表 1.17 的最右边一列. 类似地, 分别计算另两个投资策略的期望收益, 并将它们填写在表 1.17 中. 根据期望收益最大化准则, 管理者倾向于采用哪一个投资策略?

表 1.17　期望收益最大化准则

| 市场情况 | | 畅销 | 良好 | 较差 | 滞销 | 期望收益 |
|---|---|---|---|---|---|---|
| 概率/% | | 20 | 40 | 30 | 10 | |
| 投资策略 | 引进生产线 | 80 | 40 | −30 | −70 | 16 |
| | 部分引进部分改进 | 55 | 37 | −15 | −40 | |
| | 改进原生产线 | 31 | 31 | 9 | −1 | |

(5) 除了期望收益, 管理者还关心各个投资策略的风险. 这犹如一个买卖股票的投资者, 他除了关心股票

的价格, 还要关心一段时间内价格涨跌变化的情况. 涨跌幅度 (离散程度) 大的股票, 其价格很不确定, 购买这个股票的风险就大. 保守稳妥的投资者倾向于购买风险小的股票. 离散程度可以用方差或标准差来度量. 引进生产线的投资策略的期望收益为 16, 其方差为

$$(80 - 16)^2 \times 20\% + (40 - 16)^2 \times 40\%$$
$$+ (-30 - 16)^2 \times 30\% + (-70 - 16)^2 \times 10\%$$
$$= 2424$$

计算方差的平方根, 算得引进生产线的投资策略收益的标准差为 $\sqrt{2424} = 49.23$. 算得的标准差填写在表 1.18 的最右边一列. 类似地, 分别计算另外两个投资策略的收益标准差, 并将它们填写在表 1.18 中. 根据收益标准差最小化准则, 保守稳妥的管理者倾向于采用哪一个投资策略?

表 1.18　收益标准差最小化准则

| 市场情况 | | 畅销 | 良好 | 较差 | 滞销 | 收益标准差 |
|---|---|---|---|---|---|---|
| 概率/% | | 20 | 40 | 30 | 10 | |
| 投资策略 | 引进生产线 | 80 | 40 | −30 | −70 | 49.23 |
| | 部分引进部分改进 | 55 | 37 | −15 | −40 | |
| | 改进原生产线 | 31 | 31 | 9 | −1 | |

(6) 所谓期望后悔最小化准则, 其实就是比较各个投资策略的期望后悔值. 根据表 1.14, 填写表 1.19. 依据期望后悔最小化准则, 管理者倾向于采用哪一个投资策略?

**表 1.19　期望后悔 (机会损失) 决策准则**

| 市场情况 | | 畅销 | 良好 | 较差 | 滞销 | 期望 |
|---|---|---|---|---|---|---|
| 概率/% | | 20 | 40 | 30 | 10 | 后悔值 |
| 投资策略 | 引进生产线 | 0 | | | | |
| | 部分引进部分改进 | 25 | | | | |
| | 改进原生产线 | 49 | | | | |

(7) 所谓决策分析就是各行各业的管理人员为解决当前发生的问题或未来可能发生的问题, 决定应对之策的过程. 决策分析常用的准则除了上述几个之外, 还有最大可能决策准则、贝叶斯决策准则、资产组合的期望收益至少多大条件下的风险最小化准则与风险至多多大条件下的期望收益最大化准则等以及效用函数、德尔菲法与层次分析法等方法. 对决策分析有兴趣的读者可参阅《数据模型与决策简明教程》[8] 的第九章. 不同的准则与方法, 很可能得到不同的策略, 不足为怪. 根据统计的理论与方法作出的统计推断, 仅是为管理者采取何种决策提供依据和建议. 究竟采取哪一个决策, 就需要考虑社会经济、成本核算、心理与人力资源等各个方面的因素.

5. 据说职工缺勤与他居住地离上班地点的远近有关. 为验证这个说法, 一位社会学家作了调查, 调查数据如表 1.20 所示.

(1) 将 "住地远近" 视为自变量 $x$, "年缺勤天数" 视为因变量 $y$. 画 $y$(年缺勤天数) 和 $x$(住地远近) 的散点图.

(2) 观察散点图, 你认为 "住地远近" $x$ 与 "年缺勤天数"$y$ 这两个变量是否可能相关?

(3) 居住地离上班地点越来越远时年缺勤天数有怎样的变化趋势?

**表 1.20　住地远近与年缺勤天数**

| 住地远近/km | 年缺勤天数/天 | 住地远近/km | 年缺勤天数/天 |
|---|---|---|---|
| 1 | 8 | 10 | 3 |
| 3 | 5 | 12 | 5 |
| 4 | 8 | 14 | 2 |
| 6 | 7 | 14 | 4 |
| 8 | 6 | 18 | 2 |

# $2$ 归纳与演绎

简单地说所谓推理就是人的思维推导的活动过程. 人们经常使用的推理方式有两种: 演绎推理与归纳推理. 演绎推理是从一般性原理出发, 推出个别性的结论. 而归纳推理是从个别的事实出发, 推出一般性的结论. 数学基本上是演绎式的推理. 苏联数学界的著名著作《数学, 它的内容、方法和意义》[9] 的第一卷第一章 "数学概观" 说, "如果自然科学家为了证明自己的论断总是求助于实验, 那么数学家证明定理只需用推理和计算." 他又说 "当然, 数学家们为了发现自己的定理与方法也常常利用模型, 物理的类比, 注意许多单个的十分具体的实例等等. 所有这些都是理论的现实来源, 有助于发现理论的定理, 但是每个定理最终地在数学中成立只有当它已从逻辑的推论上严格被证明了的时候." 因而当经过努力严格证明了一个数学定理的时候, 人们往往会感到非常兴奋, 陶醉于数学的抽象与精确性之中.

## 2.1 归 纳 推 理

统计虽然也使用演绎推理, 但它基本上是归纳式的推理. 统计学的归纳推理通常称为统计推断. 统计推断的过程如图 2.1 所示. 总体就是研究对象的全体. 例如, 在企业检验产品质量的时候, 总体就是该企业生产的所有产品. 假如是检验某一天的产品的质量, 那么总体就是这一天生产的所有产品. 又如企业推测顾客对产品的满意程度, 那么总体就是全体顾客. 倘若该产品是专为老年人设计的, 那么总体就是全体老年顾客. 企业日复一日地生产着, 其产品不计其数, 人们不可能对每一个产品都进行检验. 即使这一天生产的产品虽然是有限多个, 但可能数量很多以至于检验完所有的产品需历时很久, 如一周时间, 这一天企业产品的质量情况需等待一周之后才知道, 这个滞后信息极有可能意义不大而失去时效了. 况且产品的检验除了耗费时间, 还耗费人力与财力. 甚至于有些是破坏性检验, 产品一经检验就失效报废了. 上述种种情况都说明,

041

企业很难做到逐一检验所有的产品, 只能抽取部分产品进行检验, 然后根据所得样本产品的质量情况, 归纳推断总体所有产品的质量情况. 至于企业推测顾客对产品的满意程度的问题, 不可能对每一个顾客都进行调查, 只能抽取部分顾客进行调查, 然后根据所得样本顾客的反映, 归纳推断产品在总体所有顾客中的满意程度.

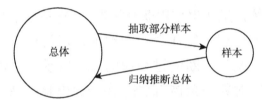

图 2.1 统计推断

《大数据时代》[10] 说, 当数据处理技术已经发生了翻天覆地的变化时, 在大数据时代进行抽样分析就像在汽车时代骑马一样. 一切都改变了, 我们需要的是所有的数据, "样本 = 总体". 这句话说得有理. 例如, 企业推测顾客对产品的满意程度, 在大数据时代可能不需要对顾客进行抽样调查, 就可获得与该产品满意程度相关的海量数据. 快速处理, 很快就能推测到顾客的满意程度. 又如推测顾客对企业开发的新产品的满意程度, 我们可基于大数据分析顾客的偏好倾向, 并据此推测顾客对新产品的满意程度. 但如新产品的寿命试验、新药疗效与副作用的实验等, 它们的样本往往为数不多. 再如企业检验产品的质量, 就很难做到逐一检验所有的产品, 仅可能抽取部分产品进行检验, 获得部分样本数据. 事实上, 由于资料有限甚至缺乏, 难以得到大数据的情况比比皆是. 由此可见, 大数据并不是什么都能做, 有很多问题只能随机抽样调查, 仅得到有限不多的数据.

大数据时代, "样本 = 总体", 这使我们不禁想到了普查, 如人口普查. 所谓人口普查, 简单地说就是一家一户全面调查. 看来普查的调查样本精确地等于总体. 显然, 只有在普查数据真实可靠、准确完整时, 样本才精确无误地等于总体. 而事实并非如此, 普查质量难免出错, 数据可能受到污染不干净. 为保证数据质量, 国家或地方有多个方面的明确规定与措施, 其中的一项措施就是在普查过后统一组织抽样调查, 调查部分家庭, 根据这一部分家庭的抽查数据对普查数据进行事后质量检查. 除了事后的抽样调查需要归纳推理, 人口普查数据的分析也需要归纳推理, 例如, 未来人口变动及迁移的趋势, 人口分布、年龄结构、性别及文化程度等的现状及其变动规律等的研究.

*043*

与普查数据相类似地, 我们千万不要认为大数据的样本必然等于总体, 其中的数据也可能受污染不干净. 寻找关联数据预测未来是大数据分析的一个重要内容, 但是我们看到的很多数据不乏是噪音. 除了受污染不干净的数据干扰了预测, 更多的是噪音使得我们难以从众多的数据中分辨出哪些数据与预测没有什么关系, 关系甚微或不大的, 真正有价值、对预测有意义的数据并不容易找到. 由此可见, 用上大数据我们的推理并不是就一定精准有效. 谷歌 (Google) 公司认为人们输入的搜索关键词代表了他们的即时需要, 可以反映出用户情况. 谷歌公司由此根据用户输入的流感关键词, 网上展开跟踪分析, 预测流感趋势. 这个大数据的应用开始几年一直很成功, 但 2012 年的圣诞节谷歌流感趋势预测, 比美国疾病预防控制中心根据全美各实验室监测报告得出的数值高出了整整一倍. 看来大数据的应用也可能出错. 近年来, 基于大数据的案例比比皆是, 其中成功的案例很多, 但也有令人不甚满意的结果, 有些结果甚至与实际情况相差很远. 我们不能对大数据抱有过高的预期, 认为有了大数据问题就一定迎刃而解了. 未来是不确定的, 充满着未知数, 预测未来出现错误那是很正常的事. 我们当然也不能在遭遇失败出错或不满意时对大数据失去信心, 重要的是在出错之后寻找原因.

2012 年圣诞节的流感趋势, 导致谷歌公司预测出错的原因众说纷纭. 比较集中的看法是所谓 "大数据傲慢", 认为大数据什么都能做, 什么

都能做得精准有效, 大数据可以完全取代传统的
数据收集方法. 事实上, 大数据的采集远不如传
统数据收集方法得到的小数据那样 "干净". 用
户的搜索行为易受媒体与网络服务提供商等的
影响, 输入的流感关键词可能看似与流感相关,
但实际上却并无关联. 傲慢的大数据专注于让
数据说话, 忽视了对实际问题的具体分析. 流感
作为一种流行病, 需研究它的传染源、传播途径、
易感人群、流行地区和季节等问题. 甲、乙与丙
三种类型的流感各有不同的流行特点. 结合这些
问题的讨论, 数据说的话才更有力量. 看来, 有
了大数据之后, 仍然需要用随机抽样技术得到较
为精准的小数据. 大数据与小数据相匹配, 做到
可靠预测和智能决策.

## 2.2　统 计 推 断

只要一般性的原理正确, 则根据演绎推理推
出的个别性结论必然成立, 确凿无疑. 但对于归
纳推理而言, 即使个别的事实为真, 概括出的一
般性结论也不一定成立. 演绎推理讲究演绎论
证和逻辑思维. 它是必然性推理. 归纳推理由个
别推断一般, 有其合理性, 也有其不确定性. 它
是或然性推理. 由此看来, 归纳推理有以偏概全
之嫌. 以偏概全是贬义词. 他的意思是说用片面

的观点看待整体问题, 如盲人摸象. 事实上, 认为归纳推理是以偏概全, 就是对归纳推理的片面理解. 世界上不确定的现象非常之多, 不确定性让人着迷, 让人有挑战感. 不确定性现象的研究需要知识的融会贯通, 需要不断的实践, 需要经验的累积, 因而当经过努力对一个不确定的现象做出可靠决策的时候, 人们会感到非常的兴奋, 享受统计推断思维过程之美.

下面用民意调查的实际例子说明归纳推理可以做到很可靠, 并不是以偏概全. 统计推断的可靠性可以用不确定性的程度, 如达到 95% 来表示. 2008 年 6 月 11 日中国新闻网 (简称中新网) 的一则新闻标题是 "美大选: 奥巴马民意支持率稳定领先麦凯恩". 该新闻报道说 "盖洛普民意测验中心十日公布的最新民意调查显示, 目前奥巴马的全国支持率为 48%, 麦凯恩为 41%. 这是盖洛普自三月中旬开始进行这项民意调查以来, 奥巴马领先麦凯恩的最大差距. 这项民意调查于 6 月 7 日至 9 日在全国抽样访问 2633 位登记选民, 抽样误差为正负 2 个百分点. "

这个问题的总体是美国约 2 亿 5000 万位登记选民. 人们欲了解总体中奥巴马与麦凯恩的支持率分别各是多少? 是奥巴马的支持率领先, 还是麦凯恩领先? 为此从总体中抽取样本, 样本有 2633 人. 经统计, 在样本 2633 人中有

48%(1264) 的人支持奥巴马, 有 41%(1080) 的
人支持麦凯恩. 然后归纳推断总体: 在全部美
国登记选民中奥巴马的支持率为 48%, 麦凯恩
的支持率为 41%, 抽样误差为正负 2 个百分点
(±2%). 当然, 中新网报道说抽样误差为 ±2%,
这样的说法是有疏漏的, 但情有可原. 完整的说
法应是: "抽样误差为 ±2%, 概率为 95%." 这
好比天气预报说, "下午下雨, 概率为 95%". 事
实上, 天气预报也用到了归纳推理. 听到天气预
报说, 下雨的概率为 95%, 那我们出门一定会带
上雨伞. 而倘若天气预报说, 下雨的概率为 20%,
那我们出门多半不会带雨伞. 由此看来, 作为一
项支持率的民意调查, 能做到在 2 亿多人中, 用
3 天 (6 月 7 日至 9 日) 时间, 仅调查 2600 多人,
误差只有 ±2%, 概率可以达到 95%, 那是很令
人满意的.

047

中新网的这则新闻标题说, "美大选: 奥巴马民意支持率稳定领先麦凯恩". 人们很自然地质疑这句话是否正确, 正如漫画中的那个人所说的, 在调查的 2633 位选民样本中, 奥巴马的支持率大于麦凯恩的支持率, 由此能不能说在全体美国选民中奥巴马的支持率一定也大于麦凯恩的支持率? 显然, 调查样本中支持率大的候选人在全体选民中的支持率并不一定也大. 对这项调查而言, 调查样本达到 2633 位选民, 抽样误差为 2%, 且可幸的是, 奥巴马领先麦凯恩的差距达到了 48%-41%=7%, 超过了抽样误差的 2 倍 (4%). 可以证明: **在对同一次民意调查的两位候选人的支持率进行比较的时候, 如果调查样本中他们支持率的差超过了概率为 95 % 的抽样误差的 2 倍, 则我们就能够说调查样本中支持率大的那个候选人, 在全体选民中的支持率也大, 概率仍为 95 %.** 所以只要调查样本中支持率的差比 2 倍的抽样误差大, 就认为他们的支持率有上有下. 正因为如此, 中新网才报道说奥巴马民意支持率稳定领先麦凯恩. 事实上, 这里的稳定领先是概率为 95% 的意思, 所以说稳定领先, 不是很妥当, 但是情有可原. 提醒大家注意的是, 我们这里所讨论的问题是对同一次民意调查的两个候选人的支持率进行比较. 倘若是对不同的两次民意调查中 (同一个或不同的两个) 候选人的支持率进行比较, 就不能轻易地说只要调查样本中支持率的差比 2 倍的抽样误差大, 就认为支持率有上有下. 不同的两次民意调查, 应具体问题具体分析.

6 月 7 日至 9 日, 不到 3 天的时间, 调查了 2633 位选民, 归纳推断得到了关于全体 2 亿多选民的 3 个令人满意的可靠结论:

(1) 在全体选民中奥巴马的支持率为 48%, 误差为 ±2%, 概率为 95%;

(2) 在全体选民中麦凯恩的支持率为 41%, 误差为 ±2%, 概率为 95%;

(3) 在全体选民中奥巴马支持率领先麦凯恩, 概率为 95%.

2008 年与 2012 年的美国总统选举都是奥巴马获胜, 他的实际得票率 (选举结果) 与选举前盖洛普最后一次调查的调查人数以及预测的得票率如表 2.1 所示. 这个美国总统大选民意调查的实际例子充分说明归纳推理并不是以偏概全, 可以做到很可靠, 达到令人可信的满意程度. 统计推断的可靠性可以用不确定性的程度, 如达到 95% 来表示. 必须指出的是, 为什么调查 2633 位选民就可以用误差 ±2%、概率 95% 来描述统计推断的不确定性的程度, 这其实是演绎推理的结果. 学好统计是离不开演绎推理的. 当然, 统计基本上是归纳推理.

表 2.1　2008 年与美国总统大选

| 年份/年 | 调查人数/人 | 获胜总统 | 预测得票率/% | 选举结果/% | 误差/% |
|---|---|---|---|---|---|
| 2008 | 3050 | 奥巴马 | 53.0 | 55.0 | 2.0 |
| 2012 | 3117 | 奥巴马 | 49.0 | 50.0 | 1.0 |

　　美国总统选举持续时间长达 9 个月. 大选结果显然与大选议题有关, 与选民的性别、年龄、种族、居住地区、受教育程度、收入状况、意识形态偏好、党派隶属关系等都有关系. 有两类选民, 他们是影响大选结果的非常重要的不确定因素. 一类就是尚没有拿定主意决定要投票支持哪一个候选人的选民, 另一类是会改变主意, 最终投票时容易发生动摇的选民. 重要的政治活动, 例如两党全国代表大会以及候选人的电视辩论等都会对选民的投票心理产生影响. 这些都有可能使得没有拿定主意的选民拿定主意, 使得原先支持率落后的候选人反而超前, 引起 "反弹". 由此看来, 在大数据时代, 美国总统大选的民意调查不可或缺, 尤其是选举前夕的民意调查非常重要.

　　统计推断的可靠程度是统计研究的一项重要工作, 为了保证统计推断的可靠性, 人们想出了很多办法. 2.3 节的非参数统计数据分析以及 2.4 节的稳健性就都是为了保证统计推断结论的可靠性而提出的重要方法.

## 2.3 非参数统计数据分析

上述民意调查的实际例子所做出的是关于比例的统计推断. 除此之外, 常见的还有关于均值的统计推断. 均值统计推断的前提通常需假设样本具有某个特定的分布 (如正态分布). 人们往往知道统计推断的结论有不确定性, 殊不知关于样本分布的假设也有不确定性. 实际情况很复杂, 即使有足够的证据可以确定样本分布是正态分布或某个特定的分布, 但往往也只能说近似地是, 而难以说确凿无疑的是. 更何况很多时候, 没有什么十分成熟的经验与太多的证据可以确定样本的分布. 针对这样的情况, 非参数统计数据分析方法就应运而生.

*051*

很多年之前, 我们系的一位大四本科学生在一家调查公司实习, 那家公司承担了一项医用抗生素药物调查的业务. 抗生素类药物的使用非常广泛. 从感冒、发热以至肺炎、心肌炎等各种炎症都要用抗生素; 病人手术后需要服用抗生素防止感染. 市场上有很多种类的抗生素, 在医院中使用抗生素类药物比较多的是胸外科、腹外科、泌尿外科和骨科 4 个科室. 因此对多家医院这 4 个科室的医生做调查. 在一些用好几种抗生素均可治疗的病例中, 询问医生究竟是如何选择的?

在选择抗生素类药物时主要考虑的因素是什么？每位医生在调查问卷列举的总共 16 个因素中选取 3 个 (可以不选满 3 个) 个人认为开抗生素类药物处方时最重要的因素, 并且依据重要性排序 (1、2 或 3) 后列出. 调查数据显示, 选择抗生素类药物时最主要考虑的因素是广谱型, 其次是有效, 接下来是副作用小. 广谱是指这类抗生素对很多类病菌均有作用. 例如, 阿莫西林克拉维酸钾片 (商品名：君尔清) 是广谱类抗生素. 对很多类病菌, 如产酶金黄色葡萄球菌、表皮葡萄球菌、凝固酶阴性葡萄球菌及肠球菌均具良好作用, 对某些产 β-内酰胺酶的肠杆菌科细菌、流感嗜血杆菌、卡他莫斯拉菌、脆弱拟杆菌等也有较好的抗菌活性. 阿莫西林克拉维酸钾片可用于由不同病菌引起的多种感染的治疗. 引起感染, 如呼吸道感染的病菌有不同的类别. 如果知道究竟是什么病菌引起的感染, 医生就可开具对这类病菌有作用的某种抗生素. 只有经过一段时间的人工培养繁殖后才能检验出究竟是哪一类病菌引起感染的？由此可见, 明确是什么病菌引起的感染, 并不是一件轻而易举就可以解决的事. 在不能确切肯定是什么病菌引起感染的情况下, 为了及时治好感染, 医生往往倾向于选用广谱类抗生素. 在医生看来, 广谱类抗生素比较可靠, 不容易出错, 应用范围广且其治疗效果也不错.

与用广谱类抗生素治病相类似地,用非参数方法去分析数据比较可靠,不容易出错,应用范围广且效果也不错. 例如, 两两比较问题, 很容易想到两样本的 t 检验. 正态分布是 t 检验的一个基本要求. 如根据经验无法判断数据是或基本上是正态分布的样本, 贸然使用 t 检验作两两比较, 就有可能出错. 若使用非参数方法, 如 wilcoxon 秩和检验与中位数检验等, 就可靠且不容易出错了. 这是因为正态分布或非正态分布的样本, 极其广泛的很多种类分布的样本都可应用非参数方法. 不仅如此, 非参数方法的效果也不错. 例如, 正态分布时 t 检验理所当然比非参数方法有效, 但非参数方法, 如 wilcoxon 秩和检验, 正态分布时它比 t 检验差得不多. 采用非参数方法分析数据, 不仅统计推断的可靠性有了保证, 而且有颇为理想的效果.

中位数检验本书不详述, 而 wilcoxon 秩和检验本书仅介绍它是怎样提出来的. 这两个检验的有关内容请见《非参数统计分析》[11] 的 5.1 节与 5.2 节.

20 世纪 40 年代, 在美国氰胺公司 (American Cyanamid Company) 工作的化学家威尔柯克逊 (Frank Wilcoxon) 被一个统计问题所困扰. 他做了一连串的实验, 按理这些实验中不同处方之间的效应都应该有显著的差异. 但使用标准的

t 检验与方差分析 F 检验等分析方法, 却都表明它们之间的差异不显著. 它们差异不显著的原因可能是由于有些实验数据有异常值, 某个数值不是太大就是太小. 但有的时候为什么太大或太小, 却找不到任何明显的原因. 倘若有太大或太小的异常值, 是否可以剔除这些异常值, 然后将余下的数据套用 t 检验或 F 检验呢? 威尔柯克逊认为, 若使用剔除异常值的方法会有不少问题很难解决. 哪些是异常值? 剔除多少个异常值? 异常值剔除之后 t 检验的临界值如何确定? 常用的 t 检验临界值表还能否使用? 威尔柯克逊查阅文献后, 没有找到任何相关资料. 他后来索性就自行研究并将研究结果投稿至 *Biometrics* 期刊. 他的心情很忐忑, 认为论文多半将被退回不能发表. 出乎他意料的是, 论文内容被认定是全新原创的统计方法, 并在 1945 年的期刊上发表. 在威尔柯克逊的论文发表之前, 所有的检验几乎都是假设样本的分布是某个特定的分布. 而威尔柯克逊首创的两样本秩和检验没有样本分布的特定假设. 威尔柯克逊这篇论文开创了非参数统计方法的先河.

虽然非参数数据分析方法犹如医生治病选择广谱类抗生素, 但两者还是有区别的. 抗生素类药物是用来治病的. 安全尽快治愈疾病是医生主要考虑的事情. 医生不希望发生用错药没治好病不得不要病人换另一种药服用的事情. 医生也不可能为了怕用错药, 让病人服用各种类型的抗生素. 数据分析显然与治病不同. 这个数据分析方法不行, 那就换另一个. 如根据经验或利用分布检验方法可判断数据是正态分布或某个特定分布的样本, 就使用基于正态分布或那个特定分布的参数统计数据分析方法. 反之, 如不能判断, 就利用非参数统计数据分析方法. 事实上, 较为恰当的还是使用不同的数据分析方法, 参数的与非参数的都同时尝试, 比较它们的分析结果. 总之, 数据分析往往没有最好, 只有更好, 而且可能有很多都是更好的, 它们各有长处, 难以分出优劣.

## 2.4 稳 健 性

不难设想可能存在这样的情况, 根据经验与观察足以判断样本应来自于正态分布或某个特定分布, 但由于实际情况比较复杂, 有少数样本偏离了原先的这个分布, 以至于样本中混杂着异常的观察值, 或少数样本是来自于与原先这个分布相近的另一个分布, 样本受到了污染. 这种情况当然可应用非参数统计方法. 非参数统计方法用于很广泛的各类分布, 而我们这里所说的仅是正态分布或某个特定分布的样本有微小变化的情况. 针对这样一个有着微小变化的情况, 20 世纪 60 年代著名美国统计学家 Tukey 等提出了稳健性的概念. 所谓稳健性可简单地理解为样本分布没有微小变化时性能良好, 在有微小变化时它有抗干扰的能力, 其性能受到的影响比较小的统计数据分析方法. 通常除了要求稳健性有抗干扰的能力, 还希望它有抗灾力, 也就是在样本分布严重偏离时, 它仍然可以用, 不至严重出错. 本书仅对稳健性做非常浅显的介绍. 对稳健性有兴趣的读者可阅读陈希孺院士等著的《非参数统计》[12] 的第七章 "稳健性概念", 这一章由著名统计学家李国英教授撰写. 下面将分别叙述平均大小 (或称集中趋势、中心位置), 离散程度与回归分析三方面的稳健性.

平均大小 (或称集中趋势、中心位置) 可以用样本平均数, 也可以用中位数来估计. 平均数较敏感, 在样本中混杂着少数几个异常大 (或异常小) 的观察值时, 平均数就可能比在没有混杂异常观察值时的平均数大 (或小) 很多. 中位数不敏感, 有没有混杂着异常大或异常小的观察值, 都对中位数的影响很小, 由此看来, 中位数是稳健的, 而平均数并不稳健. 除了平均数与中位数, 平均大小有时还用众数来估计. 对于实际问题而言, 最好平均数、中位数和众数这 3 个数都使用. 例如, 某个家电维修店根据维修记录算

得家电维修时间的平均天数为 8 天, 中位数是 4
天, 众数是 1 天. 由这 3 个数就可大致了解家电
维修时间的分布情况, 维修时间是 1 天的家电最
多, 维修时间比 4 天少与比 4 天多的家电一样
多, 有一些家电的维修时间很长以至于平均维修
时间有 8 天, 比中位数 4 天大很多. 需要仔细观
察分析这些维修时间特别长的家电, 从中很可能
发现有用信息.

离散程度通常用样本标准差来刻画. 20 世
纪 20 年代曾经有争论, 关于正态分布标准差的
估计, 用样本标准差与用样本平均绝对偏差哪一
个比较好? 样本标准差与样本平均绝对偏差的计
算公式如下:

样本标准差 $\sqrt{\dfrac{\sum (x_i - \bar{x})^2}{n-1}}$

样本平均绝对偏差 $\dfrac{\sum |x_i - \bar{x}|}{n}$

它们的区别在于, 前者是平方偏差, 后者是绝对
偏差; 前者是正态分布标准差的无偏估计, 后者
不是. 将后者修改为:

样本平均绝对偏差 $\sqrt{\dfrac{\pi}{2n(n-1)}} \sum |x_i - \bar{x}|$

则它是正态分布标准差的无偏估计.

著名英国天文学家 Eddington 在他 1914 年
出版的著作中说, 样本平均绝对偏差估计比样本

标准差好. 1919 年著名英国统计学家 Fisher 写信给 Eddington, 说样本标准差比样本平均绝对偏差估计好, 并给出了证明. 不久 Eddington 给 Fisher 回信, 同意他的观点, 说自己的论述是错误的. Fisher 没有停顿他对这个问题的研究. 他想把这两者结合起来, 用以得到比样本标准差更优的估计. 于是他有了重大的发现: 样本标准差给定之后, 样本平均绝对偏差的条件分布与总体标准差没有关系. 所以这两者结合之后并不能得到比样本标准差更优的估计. 1920 年他断言, 样本中所含有的总体标准差的信息全都在样本标准差之中. 这也就是说充分性的概念是他首次发现的. 必须指出的是, 样本标准差包含着样本中含有的总体标准差的所有信息, 用样本标准差估计总体标准差比用样本平均绝对偏差估计好, 这都要求总体是正态分布. 1960 年, Tukey 从稳健性的角度出发, 重新研究了这个问题. 他的研究结果出乎意料, 引起了大家浓厚的兴趣. 他说在总体正态分布受到污染, 也就是有少数样本来自于与总体正态分布相近的另一个分布的时候, 样本平均绝对偏差估计比样本标准差好. 这也就是说, 样本平均绝对偏差估计是稳健的, 而样本标准差并不稳健.

与样本平均绝对偏差相类似地, 标准差还可以用以下样本中位数的平均绝对偏差来估计, 其

计算公式如下:

样本中位数的平均绝对偏差 $c \cdot \sum |x_i - m|$ 其中, $m$ 是样本中位数; $c$ 是待定常数, 以使得这个估计是总体标准差的无偏估计. 标准差除了上述这些估计之外, 还有其他一些稳健估计方法. 读者可参阅《探索性数据分析》[13].

线性回归模型的最小二乘估计使得残差平方和达到最小. 而使得残差绝对值和达到最小的称为最小一乘估计. 例如, 一元线性回归 $y = a + bx + e$:

(1) $a$ 与 $b$ 的最小二乘估计使得 $\sum (y_i - a - bx_i)^2$ 达到最小;

(2) $a$ 与 $b$ 的最小一乘估计使得 $\sum |y_i - a - bx_i|$ 达到最小.

人们习惯使用最小二乘弃用最小一乘不外乎以下两个原因. 一是最小二乘估计有显式表达, 计算简单, 而最小一乘估计没有显式表达; 二是误差为正态分布时, 最小二乘优于最小一乘. 但从稳健性的角度去看这两个估计, 最小一乘抗干扰的能力优于最小二乘. 在样本中混杂着少数几个异常值的时候, 最小二乘会给出不好的估计. 图 2.2(a) 中有 10 个观察值, 其中的一个观察值远离其他的观察值, 它显然是异常值. 全部 10 个观察值与剔除异常值之后余下的 9 个观察值的最小二乘估计如图 2.2(b) 所示. 显然, 没有

剔除异常值, 全部 10 个观察值的最小二乘估计
是不好的估计. 图 2.2(a) 的异常值很特别, 它对
回归直线有很大的影响力. 见图 2.2(b), 去掉这
个异常值, 剩下的这些观察值的回归直线与所有
观察值的回归直线的方向差别很大. 这种类型的
异常值称为强影响力观察值.

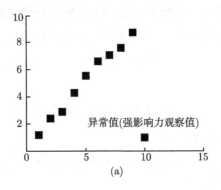

(a)

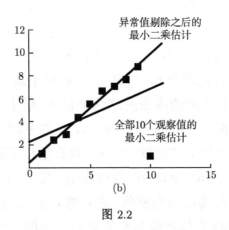

(b)

图 2.2

使用最小二乘求解线性回归, 应事先识别有

没有异常值, 倘若有则在将其剔除之后再使用最
小二乘方法. 一般来说, 识别异常值不是一件容
易的事, 甚至有可能将非异常值误认为是异常的
将其剔除, 而本该剔除的异常值却保留了下来.
图 2.2(a) 中剔除异常值之后余下 9 个观察值,
与全部 10 个观察值的最小一乘估计见表 2.2 的
左边. 这两个最小一乘估计相差无几. 这说明最
小一乘是稳健的. 剔除异常值之后余下 9 个观察
值与全部 10 个观察值的最小二乘估计见表 2.2
的右边. 这两个最小二乘估计有非常显著的差
别. 这说明最小二乘不稳健. 还可看到, 最小一
乘的两个估计与剔除异常值之后余下 9 个观察
值的最小二乘估计相差无几. 由此可见, 没有必
要事先识别有无异常值, 稳健的最小一乘就可直
接用来求解线性回归. 最小一乘估计无显式表
达, 但在电脑技术日趋先进, 优化计算软件普及
的情况下, 很容易迭代计算最小一乘估计. 求解
线性回归, 建议最小一乘与最小二乘这两个方法
同时尝试, 然后比较它们的估计结果.

表 2.2　最小一乘与最小二乘估计

| 回归直线 | 最小一乘 | | 最小二乘 | |
|---|---|---|---|---|
| | 剔除异常值 | 全部观察值 | 剔除异常值 | 全部观察值 |
| 斜率 | 0.91 | 0.94 | 0.94 | 0.46 |
| 截距 | 0.51 | 0.51 | 0.43 | 2.20 |

## 2.5 数据质量

　　归纳推理的结论是否可靠,与推理前提的个别事实是否真实有关. 即使事实真实, 它还与个别事实是否能真实客观反映整体的情况有关. 对于统计推断而言, 结论的可靠性既与样本数据的统计分析有关, 还与样本数据的质量有关, 也就是与样本数据能否真实代表总体有关. 认为所谓统计工作就是有了数据之后用统计方法借助软件去分析数据, 这样一种认识是误解了统计. 分析数据仅是统计的一项工作. 统计还有另一项工作, 那就是收集数据. 而且收集数据所花费的时间与精力不比分析数据少, 有时甚至更多. 下面这种说法并不过分, 收集到质量高 (能说明问题) 的数据比分析数据更为重要. 统计推断之所以会以偏概全, 样本数据不能真实代表总体是它极其常见的一个原因. 难怪著名统计学家茆诗松教授动情地告诫年轻人, 你们要爱数据, 要像爱你的恋人那样爱数据.

　　1936 年美国总统大选, 当时久负盛名的民意调查机构是《文学摘要》杂志, 1916～1932 年的 5 次美国总统选举它都因正确地预测而名噪一时. 这次它凭借其约 240 万人的庞大调查样本说共和党人兰登将当选下一任总统. 当时盖洛普刚于一年前创立了他的民意调查机构. 他根据一个区约 5 万人的调查样本说现任总统民主党人罗斯福将连任下一届总统. 选举结果 (表 2.3) 颇出人意料, 竟然是 5 万人调查样本的盖洛普的预言成真, 罗斯福胜出当选美国总统. 而 240 万人调查样本的预测却出错了. 难怪当时新闻报道说, 这一次大选的最大赢家不是罗斯福, 而是盖洛普. 他所创立的调查机构自此之后越来越兴旺. 1958 年, 他将该机构改组成盖洛普公司, 在盖洛普及其公司人员的不断努力下, 最终将其打造成了国际性权威的民意和商业调查咨询公司. 而过了两年, 1890 年创刊的《文学摘要》杂志在 1938 年停刊, 被另一家杂志兼并.

表 2.3　1936 年美国总统大选

| 预测与实际选举结果 | 罗斯福的得票率/% | 误差/% |
| --- | --- | --- |
| 《文学摘要》杂志 (样本 240 万) 预测 | 43 | 19 |
| 盖洛普 (样本 5 万) 预测 | 56 | 6 |
| 实际选举结果 | 62 | |

《文学摘要》杂志的预测误差居然达到 19%. 误差之所以如此之大, 其原因就在于尽管它的样本有 240 万人, 但却不能代表全体选民.《文学摘要》杂志仅向该杂志订户、根据电话簿向家中有电话的人员和根据汽车拥有者名册向家中有汽车的人员发放问卷做调查. 大家知道, 自 1929

年起美国进入了长达 10 年的经济大萧条时期.
可想而知, 1936 年收入在一般水平之上的人员
才有余钱订阅杂志. 根据统计资料, 1936 年, 美
国四个家庭中, 平均来说仅有一家装有电话. 总
之, 在 1936 年有余钱订阅杂志, 有能力装置电
话、购买汽车的人, 他们是一个特殊的群体, 是
经济比较富裕, 收入在一般水平之上的人员. 由
此看来,《文学摘要》杂志选取的样本有排斥经
济拮据人员的倾向, 这个样本当然不能代表所有
的选民. 1936 年美国经济大萧条, 现任总统民
主党人罗斯福实行新政, 受到大众尤其是低收入
人员的欢迎. 当时美国收入低于一般水平的人员
大多倾向民主党, 而收入高于一般水平的人员大
多倾向共和党. 由于《文学摘要》杂志调查的对
象基本上都是收入在一般水平之上的人员, 所以
杂志以偏概全, 过高地预测了共和党的总统候选
人兰登的选票. 收入低于一般水平的人员虽然
没有余钱订阅杂志, 用不上电话, 没有汽车, 但
他们也有选举总统的权利, 这些人比收入在一般
水平之上的人员多得多, 而且他们大多倾向民主
党. 由此可见,《文学摘要》杂志预测错误在所
难免, 因为它收集到的数据质量实在太差了.

盖洛普的预测误差为什么比《文学摘要》杂
志的预测误差小得多, 其原因就在于尽管他的样
本只有 5 万人, 但相对于《文学摘要》杂志而言,

盖洛普的调查方法比《文学摘要》杂志的好很多,他所选取的样本能比较好地代表全体选民,收集到的数据质量比较好.盖洛普自 1935 年建立起,一直在不断改进更新他的调查方法,误差控制越来越好.比较 1936 年与 2008 年、2012 年的美国总统大选 (表 2.3 与表 2.1), 1936 年盖洛普调查 5 万人,误差为 6%; 2008 年调查 3050 人,误差为 2%; 2012 年调查 3117 人,误差为 1%. 正因为不断改进,盖洛普才经久不衰,至今已发展成为国际性的信誉极高的民意和商业调查咨询公司. 时至今日,人们提到盖洛普,想到的就是调查. 科学设计的调查方法,收集得到的高质量的数据能真实代表总体,由此归纳推断得到的一般性的结论才是可靠的. 这绝不是以偏概全.

## 2.6 归纳推理是一种科技创新方法

演绎推理难以推导出其前提不包含的知识,有局限性. 而归纳推理可以发现新的事实、规律与理论,发明新的技术与产品. 所以它不仅是推理,更是一种科技创新方法.

英国著名物理学家法拉第说,"没有观察就没有科学,科学的发现诞生于仔细的观察之中." 重大的发明创造起始于观察屡见不鲜. 在统计学中通过大量的观察、数据收集、数据统计分析与探索等活动, 可以发现以往人们所不知道的事实、规律. 这方面的经典例子莫过于 1662 年出版的, 英国人格朗特 (John Graunt, 1620~1674) 的著作: *Natural and Political Observations Made upon the Bills of Mortality* (《关于死亡表的自然观察与政治观察》简称《观察》). 有关格朗特的详细介绍请见陈希孺教授的著作《数理统计学简史》[2].

　　1604 年起英国伦敦教会每周有一本 "死亡公报". 公报记录了这一周内死亡和出生者的名单. 死者按 81 种死因 (内含 63 种病因) 分类. 公报中男、女和不同地区分开统计. 格朗特的《观察》是对 1604~1660 年的 3000 多期公报的观察分析. 每期公报中的数据很多, 3000 多期公报中的数据似浩瀚大海般. 格朗特是观察整理分析这批数据的第一人. 在当时没有电脑的情况下, 格朗特整理这批数据的工作量可想而知有多大. 他的著作《观察》有八章. 书中有很多表, 在这些表中对这批浩瀚大海般的数据进行了整理, 给出了一系列的结论. 很多结论当时人们并不知道, 但至今仍十分有用. 其中, 最著名的结论就是新生儿的男女性别比为 14/13. 这也就是通常所说的, 每出生 100 个女孩, 平均来说就会出生 107 到 108 个男孩. 人口统计中女性为 100 人时的男性平均人数称为性别比. 格朗特是揭示新生儿的性别比为 107 到 108 这个规律的第一人.

出生的婴儿有男有女, 之前人们都认为生男生女机会均等. 格朗特根据 3000 多期 "死亡公报" 中的大量新生儿的数据, 发现生男生女并不是机会均等的, 新生儿中女的少男的多, 男女性别比为 14/13. 这就是格朗特通过大量的观察分析, 归纳推断得出的新的事实与规律. 格朗特在《观察》中发现的当时人们并不知道, 至今仍十分有用的结论还有:

- 在各年龄组男性死亡率皆高于女性;
- 新生儿的死亡率较高;
- 大城市的死亡率较高;
- 一般疾病和事故的死亡率较稳定;
- 传染病的死亡率波动较大, 传染病流行时的死亡率比不流行时的高得多.

*067*

通过大量的观察分析, 不仅发现了新的事实与规律, 格朗特还发明了新的技术, 例如, 他根据当时伦敦地区的出生和死亡人数推算编制了世界上第一张生命表, 见表 2.4. 这张生命表很粗糙, 其起点生存人数的基数为 100, 除第一年龄段间隔 5 岁, 其余均以 10 岁分段. 现在的生命表很精细, 通常取起点生存人数的基数为 10 万人, 年龄以 1 岁分段, 婴幼儿甚至以月分段. 男和女, 还有吸烟和不吸烟分开有各自的生命表, 甚至特殊的人群, 如化工厂的工人、煤矿工人等也都有自己的生命表. 现在的生命表不论如何精细制作, 其结构和表 2.4 基本相同. 格朗特制作的生命表是开创性的工作.

表 2.4　格朗特的生命表

| 年龄/岁 | 起点生存人数/人 | 期间死亡数/人 |
| --- | --- | --- |
| 0~5 | 100 | 36 |
| 6~15 | 64 | 24 |
| 16~25 | 40 | 15 |
| 26~35 | 25 | 9 |
| 36~45 | 16 | 6 |
| 46~55 | 10 | 4 |
| 56~65 | 6 | 3 |
| 66~75 | 3 | 2 |
| 76~85 | 1 | 1 |

　　格朗特的《观察》这个事例充分说明, 非凡重大的科学创造往往起始于对平凡的细微末节的仔细观察. 观察是日常生活中很普通的事, 观察的成功与否显然需要知识与经验的积累, 更重要的是需要思索. 思索是创造力的源泉. 思索问题比寻找答案更重要. 围绕着老问题转圈, 怎么跑, 也是原地打转. 有了新问题, 我们就能迈步向前进. 当然, 观察与思索都要实践. 观察思索加上实践, 就能做到于细微处见成效.

　　归纳推理看到的可能是事物的本质, 也可能是事物的现象. 只有经过深入研究, 才能区分真相与假象.《统计学应用指南》[14] 一书中有一篇文章《统计学、科学方法与抽烟》, 由该文可知, 对吸烟与健康关系的早期认识起源于 20 世纪初的一些医生的观察, 例如, 1927 年英国医生 F·E· 泰勒歌德博士撰文写道, 他所了解的肺癌患者几乎都是因为经常抽烟 (通常是抽纸烟) 而引起的. 又如 1936 年阿尔金博士撰文做了更加具体的报道: 135 位男性肺癌患者中, 有 90% 是"嗜烟者". 这些医生的观察发现, 使得人们越来越意识到, 有必要研究吸烟是不是有害人体健康的问题. 经过长时间的反复实验与论证以及由此引起的科学方法论的质疑与争辩, 最终得到了真相. 烟雾中的尼古丁、一氧化碳、烟焦油等不仅直接危害呼吸道黏膜, 被吸收入血或溶于唾液后咽下, 还会进一步加强对人体的危害, 是导致肺癌、慢性阻塞性肺疾病、冠心病等的罪魁祸首. 全社会最终达成共识: 吸烟对人体有害, 人类必须消除抽烟恶习. 吸烟有害人体健康研究的详细介绍见《统计学、科学方法与抽烟》一文.

就在争辩吸烟是否对人体有害的时候, 一些医生还发现肺癌患者大多喝咖啡. 难道喝咖啡也是人类的一个恶习. 这最终被证实是假象. 喝咖啡不仅没有禁止, 而且咖啡现今是全世界交易额第二大日用消费品. 喝咖啡是否对人体有害的研究, 其简要介绍见本书 8.3 节或见《魅力统计》[15].

根据归纳推理, 从观察数据看到的, 吸烟 (喝咖啡) 对人体有害, 这究竟是真相, 还是假象? 关于这个问题的质疑与争辩, 对于人类提高研究公害的统计科研水平有很重要的贡献. 质疑与争辩推动了统计学科的发展.

## 2.7 类比推理

除了归纳推理, 类比推理也是一种科技创新方法. 类比推理是在两个或两类事物的部分属性相同的时候, 类似地推出它们的其他属性也相同. 同归纳推理一样, 类比推理也是或然性推理. 统一的细胞学说是如何建立的, 这是历史上著名的类比推理的一个典型例子. 1938 年德国植物学家施莱登建立了植物结构的细胞学说. 德国动物学家施旺运用类比推理, 把施莱登的细胞学说成功地引入动物学, 从而建立起生物学统一的细胞学说. 同归纳推理一样, 类比推理得到的也可能不是真相, 而是假象.

统计推断广泛使用类比推理. 例如, 关于市场需求的调查, 其中的一个基本问题是, "你购买某个产品的可能性有多大". 这个产品可能是现有产品, 也可能是将要开发的新产品. 被调查者对这个问题往往有以下三种回答: 一是已经购买或明确说想买; 二是打算购买; 三是不会购买. 对第一种和第三种回答容易处理, 他们购买的可能性可分别认为是 100% 和 0. 而对于第二种回答不容易处理. 大量事例表明：购买意图与实际购买行为之间存在着比较大的差异. 说有可能买的人到时候并不一定会真正买. 如果是现有产品可根据历史资料估算, 有可能买的人到时候真正买的可能性有多大. 但如果是新产品, 没有历史资料, 这时可使用类比推理的方法. 首先, 寻找有没有现有产品与这个新产品相仿？然后, 依据相仿的现有产品的历史数据, 估算有可能买新产品的人到时候真正买的可能性有多大. 此外, 还可以依据我们的经验与专家的意见进行估算. 事实上, 人们的经验与专家意见都包含着类比推理. 综合运用上述这些方法, 估算有可能买新产品的人到时候真正买的可能性.

从线性模型到广义线性模型 (包括常用的对数线性模型、逻辑斯蒂线性模型等), 又如从最小二乘估计与最小一乘估计到 M 估计, 其实都是用的类比推理. 归纳推理与类比推理统称为合情推理. 它们都是科技创新的思维方式. 大数据时代, 更多的需要合情推理, 需要更丰富的想象力与更强的创新能力.

## 2.8 大数据需要更丰富的想象力
## 与更强的创新能力

大数据时代, 尽管不少问题的 "样本 = 总
体", 但它基本上仍然是归纳推理与类比推理. 海
量数据中隐藏着的信息, 类型纷繁且千变万化,
在不计其数的信息中要想寻找到所需要的信息,
或者看到某个信息联想到它对工作有价值, 这显
然需要知识的融会贯通, 更需要天马行空般的丰
富想象力与创新思维.

1990 年英国 BBC 将迈克尔·道布斯的政
治惊悚小说《纸牌屋》改编成电视剧, 风靡欧美.
Netflix 公司是美国最具影响力的影视网站. 自
1995 年网站创立至今, 一直从事在线租赁影视
的买卖. 2011 年它的网络电影销量占美国用户
在线电影总销量的 45%. 虽然生意做得很大, 但
Netflix 影视网站却从未自制过电视剧, 从未涉
及视频这个核心竞争力领域. Netflix 在美国约有
2700 万的订阅用户, 这些用户每天有 300 万次
搜索请求, 3000 多万个比如暂停、回放或者快进
等动作, 且每天还会给出 400 万个评分. Netflix
有海量般的用户行为偏好数据. 根据数据发现,
喜欢看 BBC《纸牌屋》的用户大都喜欢大卫·

芬奇导演的电视剧; 喜欢看 BBC《纸牌屋》的用户大都喜欢凯文·史派西主演的电视剧. 他们还发现, "政治惊悚" 这类电视剧很受用户欢迎. Netflix 根据这些相关关系, 毅然花 1 亿美元买下 BBC 的《纸牌屋》的版权, 请大卫·芬奇执导, 凯文·史派西主演, 拍摄新版政治惊悚剧《纸牌屋》. 将影视领域的文艺创作建立在数据分析的基础上, 这在以前难以想象. Netflix 将它变成了现实, 首次自制电视剧取得了意想不到的好效果. 《纸牌屋》迅速成为美国及其他 40 多个国家播出频率最高的电视剧. 事实上, 《纸牌屋》是纯粹的网络剧, 不同于以往电视台一集一集播放的电视剧. Netflix 了解到时下网民有这样一种观看心理, 多数人已经失去了每天或每周待在电视机前, 一集一集地观看一部冗长剧集的耐心, 因而一次性把《纸牌屋》的第一季共 13 集全部发布在网上, 供网友付费点击收看. 这种颠覆传统、另辟蹊径的做法, 对于占据电视剧制作和发行主导地位的电视台来说, 无疑是巨大的冲击. 电视台需要在某一个时间段将观众集中到电视机前, 然后收取天价广告费. 《纸牌屋》这个例子告诉我们, 正如《大数据时代》一书所说的, 大数据带来的信息风暴正在变革我们的生活、工作和思维.

## 思 考 题 二

1. 罐内有 10 个球. 告诉你罐内球的颜色只有两种可能, 不是 "9 个白球 1 个黑球", 就是 "9 个黑球 1 个白球". 要求你推测罐内球的颜色.

(1) 如果仅允许你随机地从罐内摸取一球. 根据摸取的球的颜色, 你将如何推测罐内球的颜色?

(2) 假设除了 "9 个白球 1 个黑球", 与 "9 个黑球 1 个白球" 之外, 罐内球的颜色还可能是 "5 个白球 5 个黑球". 允许你从罐内摸取 2 个球. 根据观察结果你将如何推测罐内球的颜色?

2. 人们往往需要猜测某一事件有没有可能发生. 通常用来解决这个决策问题的简单方法是, 估算这个事件发生的概率. 如果事件发生的概率比较大, 我们就猜测它会发生. 事件发生的概率越大, 猜测它发生的可信 (把握) 程度就越大. 这个想法非常自然朴素. 人们多半对此习以为常, 而没有去进一步思考. 著名英国统计学家费歇尔 (Ronald Aylmer Fisher, 1890~1962) 经过深入研究, 由这样一个再平常简单不过的推理方法提出了最大似然法. 这是统计学中理论意义非常重要, 应用极其广泛的一个方法. 上述第 1 题的推测, 人们依据的就是最大似然法. 例如, 从罐内摸取 2 个球, 观察值是 "1 个白球 1 个黑球" 时, 最大似然法的推理过程如下. 分别计算罐内球的颜色在 "9 个白球 1 个黑球", "9 个黑球 1 个白球" 与 "5 个白球 5 个黑球" 时, 这个观察值出现的概率 (表 2.5). 由于在 "5 个白球 5 个黑球"

时, 观察值 "1 个白球 1 个黑球" 出现的概率最大, 因而在观察值是 "1 个白球 1 个黑球" 时推测罐内球的颜色是 "5 个白球 5 个黑球". 这显然不是必然性推理. 在观察值是 "1 个白球 1 个黑球" 时, 罐内球的颜色有可能是 "5 个白球 5 个黑球", 但也有可能是 "9 个白球 1 个黑球", 或 "9 个黑球 1 个白球". 必须指出的是, 表 2.5 的三个概率 0.1、0.1 与 0.2777 并不是观察值是 "1 个白球 1 个黑球" 时, 罐内球的颜色分别是 "9 个白球 1 个黑球", "9 个黑球 1 个白球" 与 "5 个白球 5 个黑球" 的概率. 正因为如此, 人们称这个方法为最大似然 (likelihood) 法, 意思是说最似真, 最有可能.

**表 2.5　观察值出现的概率**

| 罐内球的颜色 | 观察值 "1 个白球 1 个黑球" 出现的概率 | |
| --- | --- | --- |
| 9 个白球 1 个黑球 | 0.1 | |
| 9 个黑球 1 个白球 | 0.1 | |
| 5 个白球 5 个黑球 | 0.2777 | 最大 |

用最大似然法估计产品的不合格率. 在企业生产的数量极多的产品中随机抽取 100 个. 经检验发现其中仅有 2 个不合格品. 根据这个观察结果, 试应用最大似然法, 估计产品的不合格率 $p, 0 \leqslant p \leqslant 1$. 显然, 随机抽取的 100 个产品是无放回地抽取的. 由于企业产品的数量极多, 因而可以把无放回地抽取简单地看成是有放回的. 第 1 题罐内球的颜色仅有 2 或 3 种可能. 而不合格率 $p$, 仅知道它在 0 与 1 之间. 虽然 $p$ 有无限多个可能, 但最大似然法的推理过程与第 1 题的相类似. $p$ 的最大似然估计值使得 "100 个产品中仅观察到有 2 个不

合格品" 的概率达到最大.

3. 估计鱼塘里有多少条鱼. 首先在鱼塘里捕获鱼, 假设捕获了 100 条鱼. 将这 100 条鱼做上标记, 然后把它们放回鱼塘. 若干天后, 有标记与无标记的鱼充分地混合在鱼塘里. 接下来再捕获鱼, 看其中有多少条鱼有标记. 假设又捕获了 100 条鱼, 其中 10 条鱼有标记. 试应用最大似然法, 估计鱼塘里有多少条鱼.

(1) 假设鱼塘里有 $n$ 条鱼. 为什么 $n \geqslant 190$?

(2) 鱼塘的 $n$ 条鱼中, 有标记的鱼有 100 条, 没有标记的鱼有 $n - 100$ 条. 从鱼塘里捕获 100 条鱼. 试计算 "这 100 条鱼中, 10 条鱼有标记, 90 条鱼没有标记" 的概率 $f(n)$.

(3) 在 $n$ 依次等于 $190, 191, 192, \cdots$ 时, 观察 $f(n)$ 的变化趋势.

(4) 应用最大似然法, 估计鱼塘里鱼的个数 $n$.

4. 还可以用很简单的方法求解第 2 题与第 3 题. 这个简单方法的原理就是, 用频率 (比例) 去估计概率.

第 2 题, 既然 100 个产品中仅观察到 2 个不合格品, 比例为 2%. 很自然地, 把企业产品的不合格率就此估计为 2%.

第 3 题, 既然第 2 次捕获的 100 条鱼中, 10 条有标记. 很自然地, 把鱼塘中有标记的鱼所占的比例就此估计为 10%(1/10). 由于鱼塘中有标记的鱼有 100 条, 所以估计鱼塘有 $n = 1000$ 条鱼.

这个简单方法得到的估计与用最大似然法得到的估计是否相同? 若相同, 这是否意味着, 没有必要使用最大似然法? 事实上, 若估计相同, 这恰好说明了最大似然法是合理的. 有很多问题, 用 "频率估计概率" 的方法得到的估计, 难以使人满意, 而使用最大似然法求解就合乎情理. 看以下问题.

根据遗传学的理论, 某种植物有遗传因子 A 与 a 的概率分别为 $p$ 与 $q$, $p+q=1$. 其后代若是 (AA) 开红花, (aa) 开白花, (Aa) 或 (aA) 开粉红色花. 该种植物开红花、开白花和开粉红色花的概率分别为 $p^2$、$q^2$ 与 $2pq$. 随机抽取该种植物 218 株, 开红花、开白花和开粉红色花的株数分别为 20、92 和 106.

(1) 倘若用 "频率估计概率" 的方法去估计 $p$ 以及该种植物开红花、开白花和开粉红色花的概率, 会有什么问题?

(2) 试用最大似然法估计 $p$ 以及该种植物开红花、开白花和开粉红色花的概率.

077

# 3 精准与趋势, 证明与推断

《数学, 它的内容、方法和意义》[9] 的第一卷第一章 "数学概观" 的 §1 "数学的特点" 说, 数学的特征, "第一是它的抽象性, 第二是精确性, 或者更好地说是逻辑的严格性以及它的结论的确定性, 最后是它的应用的极端广泛." 总而言之, 数学有抽象性、精确性与应用广泛性这三大特征. 正如 "数学的特点" 所说, "抽象并不是数学独有的属性, 它是任何一门科学乃至全部人类思维都具有的特性." 事实上岂止抽象, 就连精确性与应用广泛性也是任何一门科学都具有的特性. 统计学科的抽象与应用广泛性的含义, 不言而喻. 本节着重讨论统计学科的精确性.

## 3.1 数字的大与小

两个数字的大小关系理应确定无疑, 但实际上依统计的角度来看, 它并非如此. 数字是抽象的. 但对于实际问题而言, 数字是具体的. 与具体对象联系在一起的数字, 等与不等以及大与小, 既是绝对的, 也是相对的. 一个成年男子的身高为 175cm, 一个成年女子的身高为 170cm, 女的高还是男的高? 不言而喻, 当然是男的高, 他比女的高了 5cm. 但人们往往却说这个女的长得高, 那个男的不高. 这是因为一眼望去, 在成年女子中少见有人身高超过 170cm, 而在成年男子中有不少人身高超过 175cm. 为制定成年男子和成年女子上衣服装的号型, 自 1986~1990 年历时 5 年, 在我国不同地区共约测量了 15200 个人的人体尺寸数据. 其中身高数据的均值与标准差如表 3.1 所示.

表 3.1　成年男子与成年女子的身高　(单位: cm)

| 成年男子 (样本量 5115) | | 成年女子 (样本量 5507) | |
|---|---|---|---|
| 均值 | 标准差 | 均值 | 标准差 |
| 167.48 | 6.09 | 156.58 | 5.47 |

身高服从正态分布. 由于这项调查样本量很大, 我们不妨认为:

我国成年男子身高有正态分布

$$N\left(167.48, 6.09^2\right)$$

我国成年女子身高有正态分布

$$N\left(156.58, 5.47^2\right)$$

使用 Excel, 在某单元格输入 "=1−normdist(175, 167.48, 6.09,1)", 即得我国成年男子身高超过 175cm 的概率为 10.8%. 类似地, 可得我国成年女子身高超过 170cm 的概率为 0.7%. 这意味着, 我国 100 个成年女子中身高超过 170cm 的人数平均而言 1 人不到. 女子的身高为 170cm 是很高的了. 我国 100 个成年男子中身高超过 175cm 的人数平均而言多于 10 人. 男子的身高为 175cm 不算很高的.

直接比较身高, 身高 175cm 的男子, 显然比身高 170cm 的女子长得高. 所谓直接比较身高, 就是不分男女. 但如果男女分开来看, 将 175cm 的男子在所有成年男子中的位次, 与 170cm 的女子在所有成年女子中的位次进行比较, 我们认为 170cm 的女子长得高, 而那个 175cm 的男子不高.

所谓位次可简单地理解为, 由低到高排列后所占的位置. 男女分开来, 就是看 170cm 的女子在我国成年女子身高分布中的位置以及 175cm

的男子在我国成年男子身高分布中的位置. 而男女合起来实际上就是看, 170cm 的女子与 175cm 的男子在我国成年人身高分布中的位置.

此外, 还可以将身高统一转换为标准身高. 标准身高就可以直接进行比较. 某个测量值的标准值的计算公式如下:

$$标准值 = \frac{测量值 - 均值}{标准差}$$

其分子的含义是, 比较测量值与均值的差别, 而其分母的含义是, 测量值离开均值的距离是多少个标准差. 根据表 3.1, 算得:

男子身高为 175cm 的标准身高

$$\frac{175 - 167.48}{6.09} = 1.23$$

女子身高为 170cm 的标准身高

$$\frac{170 - 156.58}{5.47} = 2.45$$

标准身高是正的, 说明他们都高于平均身高. 170cm 的女子离开平均身高是 2.45 个标准差. 175cm 的男子离开平均身高是 1.23 个标准差. 由此可见, 175cm 的男子不如 170cm 的女子高.

犹如男女身高的比较问题, 实际生活中经常会遇到各种类型的测量值, 例如成绩好坏的比较. 如果说, 男高还是女高可凭人的直觉判断, 则成绩, 例如不同考试的得分谁高谁低就难以凭直觉判断了. 例如, 同一个考生上学期与这个学期他的语文考试成绩分别是 75 分与 85 分. 据此能否说他的语文学习有进步?所谓考试就是考查学生通过一个阶段的学习, 对所学的基本内容与核心能力的掌握程度. 这个学期的 85 分可理解为本学期语文的基本内容与核心能力掌握了 85%, 上个学期的 75 分可理解为上学期语文的基本内容与核心能力掌握了 75%, 看来考生学习有进步. 但可能有这样的情况, 这个学期语文考试成绩普遍都高, 平均分达到 90 分. 这个考生的 85 分在平均分之下. 而上个学期语文考试成绩普遍都低, 平均分只有 70 分. 这个考生的 75 分在平均分之上. 相对而言, 上个学期的 75 分比这个学期的 85 分要好, 看来他学习并没有进步. 这个例子告诉我们, 既要看分数的绝对大小, 还要看这个分数的位次, 或通俗地说这个分数是第几名. 除此之外, 还可以将分数统一转换为标准分. 标准分的计算同标准身高一样. 标准分就可以直接用来比较考生的学习能力.

除了计算标准分, 还可以通过建模比较考生的学习能力. 显然, 能力高的考生得分高, 能力低的考生得分低. 除此之外, 难度高的题目得分低, 难度低的题目得分高. 这个学期语文考试成绩普遍都高, 而上个学期语文考试成绩普遍都低. 由此猜想, 这个学期语文考试的难度估计比上个学期的低．这也就是说，这个学期得分高，并不说明学习一定有进步，有可能是因为题目难度比上学期低的缘故．得分高究竟能不能说明学习有进步，关键就在于能不能根据所得分数分别估算出考生能力与题目难度．可通过建立一个模型，如 Rasch 模型，解决这个问题．

不同考生的能力不尽相同，不同题目的难度也不尽相同．根据上学期众多考生在一道道题目的得分，运用 Rasch 模型将上个学期每个考生的能力与每道题目的难度估算出来．同样地可以估算出这个学期每个考生的能力与每道题目的难度．将这个考生上个学期得 75 分时的能力与这个学期得 85 分时的能力进行比较，由此推断这个考生的能力是进步还是退步．利用建模，还可以推断出上个学期试卷的难度与这个学期的难度相比有没有变化．

入学考试往往按总分排序，从而决定是否录取．计算总分时通常会遇到以下两个问题．第一个问题，例如高等学校入学考试，有的人选考物理，有的人选考化学，如何计算总分？物理与化学，例如都是 80 分，他们是否能等值地计入总分？如果不能，那物理的 80 分等值于化学的多少分？或化学的 80 分等值于物理的多少分？第二个问题，例如商学院录取 MBA 学生主要依据报考生的大学平均学分 (grade point average,

GPA) 与研究管理能力考试 (graduate management admission test, GMAT) 的成绩. GPA 的成绩在 0~4, 而 GMAT 的成绩通常低的有 3、4 百分, 高的有 6、7 百分. 由于 GMAT 分数远大于 GPA 分数, 它们不在同一个档次上, 所以直接计算 GPA 与 GMAT 的总分, 并按总分高低决定是否录取, 这样的录取方法基本上取决于 GMAT 分数的高低, 而 GPA 分数的作用微乎其微. 看来, 计算总分之前应先把 GMAT 分数与 GPA 分数作等值变换. 这些问题的研究都属于教育统计学, 在此恕不赘述.

**在统计学中数字的等与不等以及大与小并不是精准, 确定无疑的. 它既是绝对的, 又是相对的. 相对地看有不止一种的看法, 不同的看法可能得出数字间不同的关系. 相对地看数字的等与不等、大与小往往比较合乎情理.**

## 3.2 精准与趋势

《数学, 它的内容、方法和意义》[9] 的第一卷第一章的 §1 "数学的特点" 说, "数学真理本身也是完全不容争辩的, 难怪人们常说: 像二乘二等于四那样的证明. 这里, 数学关系式 $2 \times 2 = 4$ 正是取作不可反驳、无可争辩的范例." 众所周知, 数学证明逻辑推理极其严谨, 其结论精准、确定无疑. 而统计学有所不同, 推理严谨, 但探寻的是一种趋势, 而非精准性.

2000 年美国大选, 共和党总统候选人小布什与民主党总统候选人戈尔在选举前的 10 月 11 日晚举行了第二场电视辩论. 辩论后美国有线电视新闻网 (CNN) 迅速进行了民意测验, 当晚就发布消息, 称小布什赢得了本场辩论, 小布什赢得 49%, 超过了戈尔赢得的 36%. 但是在之后 10 月 18 日举行的第三场电视辩论, 尽管戈尔赢得 46%, 超过了小布什赢得的 44%, 但 CNN 却仅称戈尔稍占上风. 这两个例子告诉我们, **统计数据分析, 大的并不一定大**.

● 第二场电视辩论过后称小布什赢了的意思是说, 在美国全部选民中认为电视辩论小布什占上风的人多, 而认为戈尔占上风的人少, 选情对小布什有利. 其根据就是在调查的一部分选民中认为小布什占上风的人占 49%, 比认为戈尔占上风的 36% 多了很多.

● 第三场电视辩论过后称戈尔稍占上风实际上是说, 戈尔并没有赢得本场辩论, 尽管在调查的一部分选民中认为戈尔占上风的人多, 而认为小布什占上风的人少, 但认为戈尔占上风的 46% 仅比认为小布什占上风的 44% 多了不多. 第三场电视辩论过后, 在美国全部选民中他们两个基本上不分上下, 选情呈胶着状态.

第二场电视辩论, CNN 的民意测验说, 小布什赢得49%, 戈尔赢得36%. 据此他为什么发布消息称, 小布什赢了.

第三场电视辩论, CNN 的民意测验说, 46%的人认为戈尔赢了, 44%的人认为小布什赢了. 据此他为什么仅称, 戈尔稍占上风, 为什么不说戈尔赢了.

什么是多了很多? 什么是多了不多? 由严谨的逻辑推理可以推得, 其临界就是抽样误差的 2 倍. 显然, 由调查样本算得的支持率, 几乎不可能正好等于全体选民中的支持率. 这两者之间的差距称为抽样误差. 这一类民意调查通常随机调查 1000 多个选民, 抽样误差为 3% 左右. 在 1000 多个选民的调查样本中, 如果支持率高的候选人领先的差距超过了抽样误差正负 3 个百分点的 2 倍 (6%), 则我们就认为多了很多, 样本中支持率高的候选人在全体选民中的支持率的确也高, 否则认为多了不多, 他们不相上下.

●第二场电视辩论过后, 调查样本中小布什领先戈尔的差距达到 49%−36%=13%, 远超过了抽样误差正负 3 个百分点的 2 倍 (6%), 所以说在全体选民中小布什民意支持率稳定领先戈尔.

●第三场电视辩论过后, 调查样本中戈尔领先小布什的差距达到 46%−44%=2%, 远小于

抽样误差正负 3 个百分点的 2 倍 (6%)，所以说
在全体选民中戈尔与小布什的民意支持率难分
伯仲，至多说戈尔稍占上风.

　　可能大家会说，例如第二场电视辩论过后小
布什民意支持率稳定领先戈尔，这句话不是很精
准的吗. 其实不然，由严谨的逻辑推理可以推得，
随机调查 1000 多个选民，抽样误差为 3% 左右，
其可信程度 (或称置信水平) 为 95%. 这犹如天
气预报，"下午下雨，概率为 95%". 由严谨的逻
辑推理还可以推得，同一次民意调查的两位候选
人的差距如果超过了抽样误差的 2 倍 (6%)，则
我们有 95% 的置信水平，或简单地说概率 95%，
支持率高的候选人在全体选民中处于领先地位.
由此看来，第二场电视辩论过后小布什民意支持
率稳定领先戈尔，这句话并不精准，它的可信程
度 (或称置信水平) 为 95%. 95% 的概率足够大
了，但还没有到 100%. 同样道理，为什么第三
场电视辩论过后不说戈尔民意支持率稳定领先
小布什，那是因为倘若这样说的话，其概率不足
95%.

*087*

　　概率有没有可能达到 100%？要想有 100%
的概率，除非全面调查，调查每一个选民，而且要
保证每一个选民的调查都必须精准，不能有一丝
一毫的误差. 可想而知，这极难实现，尤其是在
时间不长，例如晚上电视辩论后当晚就精准地调

查好每一位选民, 那几乎是不可能实现的事. 由此看来, **统计数据分析, 说大的一定大, 这句话是有可信程度 (或称置信水平、概率) 的.**

经计算, 不同置信水平下有不同的抽样误差. 例如, 随机调查 1000 人, 支持率的不同置信水平下的抽样误差见表 3.2.

表 3.2　不同置信水平下的抽样误差

| 置信水平/% | 抽样误差/% | 置信水平/% | 抽样误差/% |
|---|---|---|---|
| 50 | 1.07 | 95 | 3.1 |
| 60 | 1.3 | 99 | 4.1 |
| 70 | 1.6 | 99.9 | 5.2 |
| 80 | 2.0 | 99.99 | 6.2 |
| 90 | 2.6 | 99.999 | 7.0 |

**统计数据分析, 在某个置信水平下可以说某个大的一定大, 但在另一个大一点的置信水平下这个大的就不能说一定大了.** 根据表 3.2, 进一步分析上述美国总统竞选电视辩论的例子.

● 第二场电视辩论过后, 调查样本中小布什领先戈尔的差距达到 49%−36%=13%, 所以说在全体选民中小布什民意支持率领先戈尔, 这句话的概率达到了 99.99% 的极高程度. 由此看来, 我们倾向于认为小布什稳步领先戈尔毫不过分. 当然, 它没有达到 99.999% 的高度.

● 第三场电视辩论过后, 调查样本中戈尔领先小布什的差距达到 46%−44%=2%. 倘若说在全体选民中戈尔民意支持率领先小布什, 则其概率不足 50%. 所以我们倾向于认为他们不相上下, 至多认为戈尔稍占上风.

调查样本中小布什领先戈尔的差距达到 13%, 由此为什么可以说概率为 99.99%, 全体选民中小布什民意支持率领先戈尔? 这个结论是经过严格的逻辑推理得出来的. 由此看来, 统计并不是不讲精确性的, 其推理是严谨的. 与数学不同的是, 统计探寻的是一种趋势, 而非精准性.

**数学中的大 (或小) 是精准、确定无疑的. 而统计数据分析中的大 (或小) 表示的是一种趋势, 而非精准性. 大的可倾向于认为大, 也可倾向于认为不大. 正因为表示的是趋势, 因而有风险, 有可能出错.**

2015 年 5 月 7 日英国大选前最后的民意调查显示, 保守党的支持率为 34%, 工党的支持率为 33%, 两大党之间势均力敌. 英国舆论普遍认为, 英国很有可能出现 "悬浮议会". 所谓 "悬浮议会", 是指在议会制国家中, 没有任何一个政党在议会内取得绝对多数. 大选当日投票站出口的民意调查结果显示保守党将获得 316 席, 比工党将获得的 239 个席位多很多. 虽然保守党赢过了工党, 但仍少于国会 650 个席位中的一半, 投票站出口的民意调查仍认为大选出现的依然是 "悬浮议会". 但最终选举结果出乎民意调

查意料之外, 保守党轻松赢得议会过半数的 331 席, 而工党仅获得 232 席. 大选前的民意调查很可能不精准, 甚至出错. 这在所难免, 其原因就在于投票日之前有很多选民是 "游离选民", 尚没有拿定主意将手中的选票投给哪个政党. 例如, 这次英国大选, 据调查有 20% 的选民在犹豫之中. 此外, 有不少支持某个政党的选民, 可能在投票当日改变主意, 手中选票投给了另一个政党. 此外, 英国政坛除保守与工党两大政党外, 近年来还持续崛起一些小党, 英国政坛的 "碎片化" 使得本次英国大选结果更加难以预测. 总之, 未来是不确定的, 人们难以精准地预测未来. 预测出错, 情有可原. 即便如此, 尽管预测出错, 但人们仍然会参考它. 这好比今天的天气预报不准, 但人们依然会参考明天的天气预报.

函数反映变量之间的依赖关系. 数学中的函数指的是确定性依赖关系. 例如, 超市猪肉每斤 12 元, 则顾客购买猪肉的支付总额 $Y$ 与猪肉重量 $X$ 之间有正比例关系:

$$Y(元) = 12(元 / 斤) \times X(斤)$$

而统计探寻的是变量之间不确定的依赖关系, 表示的是趋势. 例如, "人的身高" 与 "脚印长度" 有这样的正相关关系:

$$Y(人的身高) = 6.876 \times X(脚印长度) \pm 误差$$

它的意思是说，脚印长度大的人往往长得比较高，脚印长度小的人往往长得比较矮. 脚印长度等于 $X$ 的人，有的高有的矮，其身高在 $6.876 \times X$ 上下波动. 脚印长度一样的人，为什么他们长得并不一样高？这是因为他们可能来自不同的家庭，遗传基因不同、健康状况不同、饮食不同、运动习惯不同等. 与人的身高有关的因素太多了，每一个因素都可能产生误差，而正相关关系右边的误差是这一系列误差的总和. 由此可见，"人的身高" 与 "脚印长度" 这种的正相关关系并不是精准的，反映的是一种趋势.

上传一张人脸照片，通过 "How-old.net" 网站就能测出你的年龄. 这个网站利用图像识别技术检测人脸，根据脸上 27 个位置提供的数据估算年龄. 这 27 个位置包括瞳孔、眼角、嘴角与鼻子等随年龄增大会显著变化的部位. 这个网站所建立的这 27 个变量与年龄之间的函数关系显然是不确定的. 难怪测试并不个个精准，有的要相差十几甚至几十岁. 正因为算得不准，所以不少人不断地上传新的照片，力图让自己测得更年轻些. 人脸识别技术岂止有趣，更重要的是它在人类生活服务中的应用.

事实上，精准确定的函数描述的往往仅是理想状态下变量之间的依赖关系. 而实际情况通常却偏离了理想状态，这是因为我们观察到的数据是有误差的. 19 世纪四五十年代, 苏格兰物理学家 James D. Forbes 的理论认为水的沸点 $(F)$ 与气压 $(Q)$ 有这样的关系:

$$Q = \alpha e^{\beta F} \text{ (Forbes 公式)}$$

其中, 参数 $\alpha$ 和 $\beta$ 是两个正数. 这个公式告诉我们水的沸点 $F$ 越高, 气压 $Q$ 也越高, 它们之间关系是精准确定的指数曲线. 众所周知, 山上的气压比平地低, 所以山上水的沸点比平地上水的沸点 (100℃) 低, 山越高沸点就越低. 由于在 19 世纪四五十年代难以将精密的气压计运输上山, 所以人们通过测量沸点, 然后运用 Forbes 公式计算出气压. 其实最终目的是为了根据气压算得海拔高度. 为运用 Forbes 公式首先要求解 $\alpha$ 和 $\beta$ 这两个参数的值. 按理说, 为寻求两个未知数的数值, 仅需在两个不同高度的地方测量沸点与气压, 得到两个等式列出方程就可以了. 但实际情况远没有这么简单. 这是因为 Forbes 公式描述的是理想状态下沸点与气压的关系. 而实际情况偏离了理想状态, 实际观察数据必然有误差. Forbes 在阿尔卑斯山及苏格兰等处测量了 17 个地方的沸点与气压. 表 3.3 列举了他的测量数据, 沸点的单位是度 (摄氏), 气压的单位是毫米汞柱.

表 3.3　沸点与气压

| 沸点 $F/℃$ | 气压 $Q/$mmHg | 沸点 $F/℃$ | 气压 $Q/$mmHg |
| --- | --- | --- | --- |
| 90.28 | 528.066 | 94.06 | 609.854 |
| 90.17 | 528.066 | 95.33 | 638.556 |
| 92.17 | 568.960 | 95.89 | 674.878 |
| 92.44 | 575.818 | 98.61 | 723.646 |
| 93.00 | 588.010 | 98.11 | 705.104 |
| 93.28 | 593.090 | 99.28 | 737.616 |
| 93.83 | 606.806 | 99.94 | 758.952 |
| 93.94 | 609.346 | 100.11 | 763.524 |
| 94.11 | 610.108 | | |

第 1 和第 2 个观察值的气压都是 528.066 mmHg, 但是第 1 个观察值的沸点是 90.28℃, 而第 2 个却与之不同, 沸点是 90.17℃. 不同的沸点有相同的的气压, 这说明数据不精准, 有随机误差. 误差与很多因素有关. 它可能与空气的湿度、风力, 烧水的器皿与人的掌控程度有差异等有关.

**数据有误差. 学习统计需要学会接受数据的不完美.**

既然数据有误差, 则求解 $\alpha$ 和 $\beta$ 的值仅根据两组数据, 那是不行的. 通常使用最小二乘法根据现有的观察数据估算 $\alpha$ 和 $\beta$ 的值. 首先将指数曲线 $Q=\alpha e^{\beta F}$ 变换为直线方程 $\ln(Q)=\ln(\alpha)+\beta F$. 从而由表 3.3 的 17 组数据, 使用最小二乘法估算 (或使用 Excel, 寻求线性趋势线,

见图 1.5) 得

$$\ln(\alpha) = 2.9226, \quad \beta = 0.037$$

最后估算得 Forbes 公式为

$$Q = 18.59e^{0.037F}$$

**现实世界是不确定的, 偏离了理想状态, 由理想化的精准确定的函数观察得到的是不精准的数据**.

## 3.3　证明与推断

《数学, 它的内容、方法和意义》[9] 的第一卷第一章 "数学概观" 说, "每个定理最终地在数学中成立只有当它已从逻辑的推论上严格被证明了的时候."

数学使用数字与符号等形式化语言, 根据公理与定理证明命题, 逻辑严密, 概念精确, 没有歧义. 在中学学习数学时大家都有这样的体会, 在经过努力, 例如证明了一道几何题或列出方程的时候, 我们会感到异常的兴奋. 俗话说, **想一想不如做一做, 看一看不如算一算**. 这里的做一做, 算一算就是证明, 证明其所以然. 看以下例子.

**例 3.1**　抛掷两颗均匀的骰子. 点数之和可能为 2, 3, ···, 11 和 12 这 11 种情况, 其中,有 6 个偶数: 2, 4, 6, 8, 10, 12; 5 个奇数: 3, 5, 7, 9, 11. 看来点数之和为偶数的可能性比较大, 而和为奇数的可能性比较小. 事实上, 它们是相等的, 可以证明点数之和为偶数与为奇数的可能性都等于 1/2.

**例 3.2** 台·曼来是个赌徒, 所谓的台·曼来悖论是说, 4 颗均匀骰子掷 1 次至少出现一个 1 点的可能性与 2 颗均匀骰子掷 24 次至少出现一个双 1 点的可能性是相等的. 台·曼来等赌徒这样认为自有他的道理. 他们说既然 1 颗均匀骰子掷 1 次出现 1 点的可能性为 1/6, 所以 4 颗均匀骰子掷 1 次至少出现一个 1 点的可能性就应是 $(1/6) \times 4 = 2/3$. 又既然 2 颗均匀骰子掷 1 次出现双 1 点的可能性为 1/36, 所以 2 颗均匀骰子掷 24 次至少出现一个双 1 点的可能性就应是 $(1/36) \times 24 = 2/3$. 事实上, 这两个概率并不相等. 4 颗均匀骰子掷 1 次至少出现一个 1 点的概率为 $1 - (5/6)^4 = 0.5177$ 比较大, 而 2 颗均匀骰子掷 24 次至少出现一个双 1 点的概率为 $1 - (35/36)^{24} = 0.4914$ 比较小. 难怪赌徒把赌资投注于 "2 颗均匀骰子掷 24 次至少出现一个双 1 点" 上通常会赌输.

**例 3.3** 一年 365 天, 全班 50 位同学. 看来不大可能有两位同学在同一天过生日. 经计算, 50 位同学中至少有两位同学在同一天过生日的

可能性其实很大, 它等于 97%. 事实上, 即使全班只有 23 位同学, 至少有两位同学在同一天过生日也有 50.7% 的可能性.

精准地计算概率, 从而回答了上述这 3 个似是而非的问题. 而精准计算概率的依据是, 均匀骰子的对称等可能性以及整个一年中人在哪一天出生是对称等可能的. 由此可见, 只有满足一定的条件, 例如对称等可能性才能精准地计算概率. 而实际生活中不能精准计算的例子比比皆是. 看以下例子.

**例 3.4** 根据对称性, 掷一枚均匀的硬币正面和反面出现的可能性是相等的, 都等于 1/2. 那么掷一枚图钉钉尖朝下和帽子朝下 (图 3.1 和图 3.2) 的可能性各是多少? 帽子和钉尖是不对称的, 帽子重, 因而很自然地猜测帽子朝下出现的可能性比较大. 可能大家会说, 猜测不算数, 应把它计算出来. 但这项计算是何等的困难. 这个可能性的大小与制作图钉的材料、图钉帽子的尺寸和厚薄、钉尖的长短和粗细等很多因素有关, 而这些因素很难精准测定, 何况还有其他一些未知的因素与之有关. 模拟是解决这类问题的好办法. 这里所说的模拟就是将一把图钉重复地、相互独立地抛掷很多次, 计算帽子朝下 (钉尖朝上) 出现的频率. 从而估算帽子朝下的可能性. 通过多次模拟人们发现, 帽子朝下与钉尖朝下出现的频率大致分别为 0.65 与 0.35. 从而人们将帽子朝下的可能性估计为 0.65, 钉尖朝下的可能性估计为 0.35. 估计值并不精准地等于真正的值, 它只是关于真值的一个推断. 图钉个数与抛掷次数决定着这项推断的精度. 统计的理论与方法可以保证精度达到预定的要求. 图钉个数与抛掷次数应多大, 才能保证精度达到预定的要求, 这当然是证明. 统计不是不需要证明, 我们只是说统计思路主要是一个推断过程.

图 3.1　钉尖朝下　图 3.2　帽子朝下

**例 3.5**　模拟是计算概率的好方法, 但有很多问题难以使用模拟方法. 通常认为足球比赛中被判罚点球好比是判了 "死刑", 点球似乎没有踢不进去的. 点球命中的概率 (简称命中率) 究竟是多少? 是不是接近 100%? 显然, 这个命中率无法精准计算. 用模拟的方法虽然也能得到罚点球命中率的估计, 但有欠缺. 例如, 要一个运动员和一个守门员参加模拟, 重复罚点球多次, 看罚中的频率有多大. 这样模拟的最大欠缺就在于并没有真正足球比赛罚点球的紧张气氛, 它不可能完全仿真. 收集观察数据是解决这类问题的常用方法. 美国麻省理工学院电脑专家埃克森·卡文对 1930~1988 年世界各地 53274 场重大足球比赛中罚点球的情况做了统计. 由观察数据发现, 在判罚的 15382 个点球中, 有 11172 个被罚中, 命中率为 11172/15382 = 72.6%. 看来点球的命中率并不是如人们想象的那样接近 100%. 由于点球被认为是应该踢进去的, 所以罚点球时最紧张的是罚点球的运动员. 罚点球的运动员肯定非常想踢进去, 但这正如俗话所说的, 越怕出错越会出错, "掉链子" 只因 "太想做好". 因而罚点球时有可能打偏了, 也有可能让守门员扑出来了, 没有罚中并不罕见. 由此可推想, 在球赛最后由点球决胜负时, 罚点球的运动员更加的紧张, 命中率会更低. 埃克森·卡文经统计发现, 在由点球决胜负时, 点球的命中率只有 65.9%. 严格地说, 72.6% 和 65.9% 只能说它们分别是点球命中率和由点球决胜负时点球命中率的估计值, 是关于真值的一个推断. 由观察数据得到的估计值的精度显然与观察值的个数有关.

**例 3.6** 如何预测下一场足球比赛对阵双方胜平负的概率. 足球博彩公司基于胜平负概率的预测给出赔率 (胜、平、负三种结果猜中后获得的奖金数额). 这类问题的预测用的是主观推测方法. 分析对阵双方的各种信息, 比如出场阵容、以往交锋战绩、主队主场战绩、客队客场战绩、双方球队在联赛中所处的位置、双方的求战欲望、双方的状态以及俱乐部经营状况等一系列的信息, 征求足球运动员、教练和体育运动专家的意见, 并结合自身的经验, 然后推测对阵双方胜平负的概率. 主观推测方法的应用范围很广. 例如, 新产品市场畅销可能性的预测; 明后天以及今后一段时间内的天气预报; 下阶段经济形势, 例如下周股市预测; 考前考生优良、及格或不及格可能性的预测等. 主观推测方法求得的概率依据的是人们的经验以及专家的意见. 它事实上并不是主观想象编造出来的.

模拟、观察数据与主观推测等方法估算得到的概率, 并不精准地等于真值. 它们不是证明, 只能说是推断. 除了概率的估计, 还有分布函数或密度函数中未知参数的估计, 还有函数的估计, 例如分布函数或密度函数的估计, 此外还有函数关系式, 例如上述水的沸点与气压的 Forbes 公式中未知参数的估计等, 这些都是推断. 在众多的估计方法中尤以最大似然法最为著名.

人们往往需要猜测究竟哪一个事件有可能发生. 通常用来猜测的一个简单方法是估算这些事件发生的概率. 如果某个事件发生的概率比较大, 我们就猜测它有可能发生. 事件发生的概率越大, 猜测它有可能发生的可信 (把握) 程度就越大. 看以下例子.

　　某人通过手机短消息告诉旁人, 他的 email 地址是: wangj1970@hotmail.com 收到短消息后, 旁人给他发邮件. 在写邮址时写好 wangj 之后就卡住了, 不知接下来那个究竟是数字 "1", 还是英文字母 "l"? 假如知道他的姓名, 或者知道他是 1970 年出生的, 那是很容易猜测的. 倘若什么都不知道, 有的人认为数字 "1" 的可能性比英文字母 "l" 的可能性大一些, 因而猜测这是数字 "1". 而有的人可能猜测这是英文字母 "l". 猜测当然有可能猜错. 即使知道姓名, 或知道 1970 年出生, 也有可能猜错. 根据最大可能准则猜测某件事会不会发生, 这个想法非常自然朴素. 人们多半对此习以为常, 而不去进一步思考. 英国统计学家费歇尔 (Ronald Aylmer Fisher, 1890~1962) 经过深入研究, 由一件平常简单的事提出了最大似然法. 这是统计学中理论意义非常重要, 应用极其广泛的一个方法. 使用最大似然法求得的是估计, 并不是真值. 基于现有的信息, 最大似然法根据最有可能像真值的准则推断未知的真值等于多少.

　　除了统计估计, 还有统计检验, 它也是推断. 我们以投篮问题为例讲解假设检验问题. 某人说他投篮球 10 投 8 中, 这天他投 5 次篮 5 次都没有投中. 看他投篮的一个人说, 你投篮球不可能

10 投 8 中. 虽然 5 投 5 不中, 他感到很沮丧, 但仍坚持说, 我投篮球 10 投 8 中. 这两人争论的其实就是一个假设检验问题. 这里有两个假设等待检验, 他们分别是 "他投篮球 10 投 8 中" 与 "他投篮球低于 10 投 8 中".

法院审讯时等待检验也有两个假设: "嫌疑人有罪" 和 "嫌疑人无罪". 审讯时的无罪推定, 首先认为该嫌疑人无罪, 然后寻找证据证明他有罪. 倘若有充分、确凿、有效的证据证明嫌疑人有罪, 则判他有罪; 反之, 倘若没有充分、确凿、有效的证据证明嫌疑人有罪, 则不能判他有罪, 只能判他无罪. 由此可见, 无罪推定论不轻易肯定 "嫌疑人有罪" 的假设, 也就是说它不轻易否定 "嫌疑人无罪" 的假设. 在假设检验问题中, 那个不轻易否定的假设称为是原假设, 而那个不轻易肯定的假设称为是备择假设. 由此看来, 所讨论的投篮命中率的假设检验问题应是:

原假设: 他投篮球 10 投 8 中;

备择假设: 他投篮球低于 10 投 8 中.

这是因为我们希望有充分、确凿、有效的理由说明他投篮球低于 10 投 8 中. 正因为 10 投 8 中, 有投不中的可能性. 所以在 10 投 8 中时是有可能 5 投 5 不中的. 这也就是说, 在他 5 投 5 不中的时候, 并不能说他投篮球一定低于 10 投 8 中. 由此可见, 假设检验的求解, 并不是证明某

个结论, 而是推断. 推断究竟是原假设为真比较恰当, 还是原假设不为真 (备择假设为真) 比较恰当. 正因为是推断, 并不能保证 100% 正确, 所以它有可能出错.

10 投 8 中的意思是说, 他投篮球的命中率为 80%, 这也就是说他投 1 次篮投中的可能性为 80%, 投不中的可能性为 20%. 假设他各次投篮是否投中相互独立, 则他投 2 次篮 2 次都投中的可能性就为 $80\% \times 80\% = 64\%$, 2 次都投不中的可能性就为 $20\% \times 20\% = 4\%$. 依此类推, 在他 10 投 8 中时, 5 投 5 不中发生的可能性为

$$20\% \times 20\% \times 20\% \times 20\% \times 20\%$$
$$= 0.032\%$$

由此看来, 在他 10 投 8 中时, 5 投 5 不中几乎是不大可能发生的. 因而 "5 投 5 不中" 是 "他投篮球低于 10 投 8 中" 的充分、确凿、有效的证据. 在他投篮球 10 投 8 中时, 由于 5 投 5 不中发生的可能性为万分之 3.2, 所以根据 "5 投 5 不中" 说 "他投篮球低于 10 投 8 中", 这样的推断是有可能出错的, 但出错的可能性仅为万分之 3.2. 人们显然甘愿冒如此小的风险做出这样的推断. 当然, 这也告诉我们, 这里的 "充分、确凿、有效" 并不是说 100% 正确, 仅是说他只有

0.032%的可能性不正确.

倘若这天他投 5 次篮 5 次都投中了. 他很高兴地说我投篮球的命中率提高了. 看他投篮的一个人却说, 我认为你投篮球的命中率仍然为 80%. 这次 5 投 5 中并不说明你命中率提高了. 很自然地, 这个假设检验问题应是:

原假设: 他投篮球 10 投 8 中;

备择假设: 他投篮球高于 10 投 8 中.

在他 10 投 8 中时, 5 投 5 中发生的可能性为

$$80\% \times 80\% \times 80\% \times 80\% \times 80\% = 32.77\%$$

因而倘若根据 "5 投 5 中" 认为 "他投篮球高于 10 投 8 中", 这样推断可能出错的概率约为 1/3. 人们显然不愿意冒如此大的风险做出这样的推断. 由此看来, 还是看他投篮的那个人说得对, 虽然他这次 5 投 5 中, 但仍然认为他投篮球的命中率没有提高, 仍然是 80%. 当然, 看他投篮的那个人也有可能说错了, 至于那个人出错的可能性有多大, 这个问题本书恕不讨论. 有兴趣的读者可参阅《概率论与数理统计简明教程》[16] 的第七章.

数学使用数字与符号等形式化语言, 根据公理与定理证明命题, 证明过程简洁精确, 这是沉稳而高雅的美. 统计推断时数字与符号, 在人们的头脑里, 更多的是有直觉, 有实际含义的.

统计推断更多使用的是归纳推理, 推断除讲究逻辑, 还讲究合乎人情事理, 注重实效而非形式化. 统计推断探寻的是一种趋势, 而非精准性. 统计推断追求的是控制风险, 而不是消除风险. 正如著名统计学家 C.R. 劳 (Calyampudi Radhakrishna Rao, 印度, 1920~) 所说的, 在理性的基础上, 所有的判断都是统计学. 统计推断有雅俗共赏, 大气包容的美.

## 思 考 题 三

1. 某商学院近期有 50 人申请报考研究生. 他们的 GPA 与 GMAT 的成绩以及他们的平均数与标准差分别见表 3.4 与表 3.5.

表 3.4　申请报考研究生 50 人的 GPA 与 GMAT 的成绩

| GPA | GMAT | GPA | GMAT | GPA | GMAT | GPA | GMAT | GPA | GMAT |
|---|---|---|---|---|---|---|---|---|---|
| 2.48 | 533 | 2.41 | 469 | 2.13 | 408 | 2.36 | 399 | 3.13 | 416 |
| 3.29 | 527 | 2.41 | 489 | 2.57 | 542 | 2.31 | 505 | 2.19 | 411 |
| 3.03 | 626 | 3.00 | 509 | 2.55 | 533 | 3.50 | 402 | 2.89 | 447 |
| 2.96 | 596 | 3.14 | 419 | 3.12 | 463 | 3.14 | 473 | 2.85 | 381 |
| 2.66 | 420 | 2.44 | 336 | 3.19 | 663 | 3.59 | 588 | 2.89 | 431 |
| 3.22 | 482 | 3.69 | 505 | 3.38 | 605 | 3.63 | 447 | 2.51 | 458 |
| 2.51 | 412 | 3.15 | 313 | 3.30 | 563 | 3.40 | 431 | 2.80 | 444 |
| 3.03 | 438 | 3.08 | 440 | 3.35 | 520 | 2.43 | 425 | 2.86 | 494 |
| 3.24 | 467 | 3.01 | 471 | 3.60 | 609 | 3.47 | 552 | 2.85 | 483 |
| 3.80 | 521 | 3.76 | 646 | 3.58 | 564 | 2.20 | 474 | 3.26 | 664 |

表 3.5　GPA 与 GMAT 成绩的平均分和标准差

|  | GPA | GMAT |
|---|---|---|
| 平均分 | 2.99 | 488.28 |
| 标准差 | 0.46 | 80.76 |

(1) 第 1 个考生, 是 GPA(2.48 分) 考得比较好, 还是 GMAT(533 分) 考得比较好?

(2) 第 2 个考生, 是 GPA(3.29 分) 考得比较好, 还是 GMAT(527 分) 考得比较好?

(3) 第 2 与第 3 两个考生相比较, 是第 2 个考得比较好, 还是第 3 个考得比较好?

(4) 试将这 50 位考生按总分, 由高到低排序.

2. 行驶在高速公路上的汽车, 紧急情况处理不当, 发生交通事故之后, 交警往往根据刹车距离 $s$ 推测车速 $v$. 经分析, 可假设刹车距离 $s = s_1 + s_2$, 其中, $s_1$ 为反应距离, $s_2$ 为制动距离. 反应距离 $s_1$ 是司机发现紧急情况到踩下刹车, 然后到制动器开始起作用的这段时间内汽车行驶的距离. 由此可假设反应距离 $s_1 = av$ 为 $v$ 的线性函数. 制动距离 $s_2$ 是制动器起作用后汽车行驶的距离. 它与汽车制动力的大小有关. 制动力越大, 制动距离 $s_2$ 就越长. 制动力做的功等于汽车动能的改变, 由此假设制动距离 $s_2 = bv^2$ 为 $v$ 的二次函数. 由此看来, 刹车距离 $s$ 可假设为车速 $v$ 的二次多项式函数,

$$s = av + bv^2$$

这个二次多项式函数没有常数项 (截距). 刹车距离显然还与司机个人状况、高速公路路况、气候、汽车状况

等有关. 所以刹车距离 $s$ 与车速 $v$ 的实际观察数据势
必偏离了这个二次多项式函数, 它们有误差. 为确定这
个二次多项式函数中的系数 $a$ 与 $b$ 的数值, 需做多次
观察. 车速 $v$ (m/s) 和刹车距离 $s$ (m) 的 21 次观察值
见表 3.6. 表 3.6 的观察值是否支持假设: 刹车距离 $s$
是车速 $v$ 的截距等于 0 的二次多项式函数. 如若支持
假设, 试估计 $a$ 与 $b$ 的数值.

表 3.6    刹车距离和车速

| 车速/(m/s) | 刹车距离/m | 车速/(m/s) | 刹车距离/m |
|---|---|---|---|
| 8 | 10.3 | 19 | 46 |
| 9 | 12.5 | 20 | 49.2 |
| 10 | 15.1 | 21 | 54.8 |
| 11 | 17.9 | 22 | 60 |
| 12 | 20.2 | 23 | 66 |
| 13 | 23.2 | 24 | 70 |
| 14 | 26.9 | 25 | 74 |
| 15 | 29.6 | 26 | 80 |
| 16 | 34 | 27 | 85 |
| 17 | 37.6 | 28 | 93 |
| 18 | 41 | | |

提示: 可使用 Excel 分析表 3.6 的数据. 注意, 在趋势线菜单中有
"设置截距" (set Intercept) 的选项. 截距的默认值为 0, 也就是没有常
数项 (截距).

# 4 定量与定性

《中国大百科全书·数学卷》说,"统计学是一门科学,它研究怎样以有效的方式收集、整理、分析带随机性的数据,并在此基础上,对所研究的问题作出统计性的推断,直至对可能作出的决策提供依据或建议." 这一段话告诉我们,统计学的研究对象是数据,是带有随机性的数据. 统计学通过对数据的收集、整理与分析,研究随机现象内在的数量规律性,从而作出统计推断,为决策提供依据或建议.毫无疑义,统计学使用定量分析.

人们认识事物的分析方法除了定量分析,还有定性分析. 早期人们写的文章,即使是有关自然现象的物理解释的文章,也主要是凭直觉与经验,根据看到的信息资料分析现象的过去、现在与将来的状况, 描述现象的性质、特点与变化规律、推测事物的原因和结果. 这样的一种定性分析的方法对于人们认识自然世界功不可没. 但如此这般地定性分析难免有主观臆测的成分, 很难透过外表进入事物的内部做细致的观察, 难以进行全面分析与深入研究. 例如, 由于人的认识能力与理解范围的局限性, 古希腊天文学家托勒密 (90~168) 的地心说, 认为宇宙以地球为中心, 其他星球包括太阳都绕着地球运行; 还有中国古代对于天地形状的天方地圆猜想等.

　　把定量分析法作为一种分析问题的思维方式, 通常认为始于著名意大利科学家伽利略 (1564~1642). 从动力学到天文学, 伽利略用实验、数学符号与公式分析事物的原因和结果. 定量分析方法使得人类的理性认识由模糊变得清晰起来, 由抽象变得具体. 波兰天文学家哥白尼 (1473~1543)30 年如一日, 每天坚持观测天文现象, 取得了大量数据. 在临终前出版了著作《天体运行论》, 对当时居于宗教统治地位的地心说提出异议, 认为宇宙以太阳为中心, 其他星球包括地球都绕着太阳运行. 在《天球运行论》出版以后的半个多世纪里, 支持哥白尼日心说的人仍然不是很多. 在伽利略改进了天文望远镜, 并以此发现了支持日心说的一系列的天文现象后, 日心说才引起人们越来越多的关注. 直到德国著

名天文学家开普勒 (1571~1630) 以椭圆轨道取代圆形轨道作为行星绕太阳运行轨道之后, 日心说才取得了真正的胜利. 日心说的创立与完全被人类接受, 充分显示了哥白尼、伽利略与开普勒等科学家的创见性思维与分析天文观察数据的定量分析才能.

　定量分析使得人类的理性认识在定性之上增加了定量的特征. 定量分析使得定性分析更加科学、准确, 促使定性分析得出更加广泛而深刻的结论. 不仅在天文学这一类自然科学, 就是在社会科学, 例如经济学, 定量分析也是成就斐然, 亮点纷呈. 诺贝尔经济学奖始于 1969 年. 瑞典著名经济学家, 后来的瑞典皇家科学院院长朗伯格 (E. Lundberg) 在首届诺贝尔经济学奖颁奖仪式的致词中说: "过去四十年中, 经济科学日益朝着数学规范化和统计定量化的方向发展……经济学研究的这条路线 —— 数理经济学和计量经济学, 代表了最近几十年来这个学科的发展方向. 其本质目标是要使经济学摆脱模糊的, 较为文学的类型, 在经济理论中引入数学的严谨性, 并使人们能够对经济假设进行定量分析和统计检验. " 朗伯格这段话摘自《漫话信息时代的统计学》[17] 的 "3. 诺贝尔经济学奖与统计学". 正如该书写道, 朗伯格的意思是说, 20 世纪 30、40 年代起, 经济学逐步引入定量分析, 将定

性分析与定量分析成功地结合在一起, 逐步从模糊转向严谨, 从文学型转向数学型, 开始了 "经济科学数量化" 的进程. 有关这方面内容的详细介绍还可参阅《诺贝尔经济学奖与数学》[18].

显然, 统计学使用定量分析是众所公认的. 统计学除了使用定量分析, 还使用定性分析. 学习统计就应该将定性分析与定量分析有机地统一起来, 相互补充, 这样才能把统计真正学好.

## 4.1 统计学基本上是寄生的

统计学是一门应用性非常强的学科. 凡是有数据出现的地方, 都要用到统计. 事实上, 统计在各行各业的应用也是统计兴旺发达的源泉. 由此看来, 统计学与其他学科的发展相辅相成. 著名美国统计学家萨维奇 (L.J.Savage) 说 "统计学基本上是寄生的. 靠研究其他领域内的工作而生存. 这不是对统计学的轻视, 这是因为对很多寄主来说, 如果没有寄生虫就会死. 对有的动物来说, 如果没有寄生虫就不能消化它们的食物. 因此, 人类奋斗的很多领域, 如果没有统计学, 虽然不会死亡, 但一定会变得很弱. " 既然统计学基本上是寄生的, 靠研究其他领域内的工作而生存. 所以仅有定量分析是不够的, 对于统计学来说定性分析同样不可或缺.

统计文章尤其是统计应用的文章,如果仅有统计公式与演绎推理,在我们看来这极其简洁严密精确,但在其他学科看来,它似乎是干巴巴的一篇文章,好像一个只有骨骼没有肉的人. 定量分析加上定性分析,犹如骨骼添加上了肉,文章丰润通顺,有理有据,令人信服,容易理解接受,统计学才能真正做到与其他学科的发展相辅相成.

有人错误地认为,定性分析不外乎两件事,一是文章开头写出研究背景讲述问题由来;二是文章末尾给出统计分析结论的实际解释. 其意思是说,开头与末尾是定性分析,中间这一大部分主要的研究工作是定量分析.事实上,定性与定量分析并不可截然分割. 定性分析不仅在于讲述问题由来与给出实际解释这两个方面,它在统计研究工作中有着很多方面的极其重要的作用.

*111*

## 4.2　统　计　指　标

统计学的研究对象是数据,是变量 (指标) 的观察值. 变量是个抽象的概念. 由于统计学基本上是寄生的,它是一门应用性非常强的学科,所以统计学中的变量又是具体的,有意义的. 例如,研究人的身高,那变量就是人的身高. 又如研究产品的质量, 那变量就是产品的长度、重量、强度、内径、外径或寿命等. 再如研究上海证券交易所上市的 A 股股票的周报, 则变量就是股票类别、周开盘价、周收盘价、成交股数与市盈率等. 上述这些问题中变量的含义清晰通晓. 这也就是说人们很容易知道为研究这个问题需要观察哪一类数据. 但对有些问题, 想要知道需要观察哪一类数据就比较麻烦, 甚至几经周折才能确定下来.

1992 年华东师范大学参加由上海科学研究所主持的研究课题: "上海市全社会科技投入调查与分析". 在上海开展全社会科技投入调查, 尚属首次. 调查之前有两个问题亟待解决. 一是向哪些单位做调查; 二是调查些什么数据. 课题组对这两个问题, 尤其是第二个问题反复讨论了很多次. 对于第一个问题, 讨论结果决定分四大块进行调查: 独立科研机构、全日制高等院校、工业企业与其他部门 (包括非工业的企业、科协、建筑、卫生与科技经营机构等). 我们参加工业企业这一块的调查. 这一块又分成大中型与小型工业企业这两小块. 前一小块大中型工业企业结合统计年报的指令性任务全面调查; 后一小块小型工业企业由于其具有数量多、行业分散、地区分布广的特点, 故采用抽样调查. 华东师范大学承担小型工业企业科技投入的抽样调查与数据分析的任务.

上海市全社会科技投入调查与分析的第二个问题, 调查些什么数据, 也就是说欲了解科技投入我们该如何构建指标 (变量) 体系. 借鉴国内外已有案例, 征求专家的意见, 依据课题组成员的经验, 反复讨论之后, 构建了层次化的指标体系. 第一层指标是将科技活动分成三块: R&D (研究与开发)、科技教育与培训以及科技服务. 其中, R&D 的投入是这次调查的重点. 第二层指标从属于第一层. 例如, 从属于 R&D 的第二层有三块: 基础研究、应用研究与试验发展. 接下来有从属于第二层的第三层指标等. 除了经费投入, 还有人力投入的调查. 可想而知, 构建这样一个层次化的指标体系需要旷日长久的讨论. 一个指标看似简单, 实际上有很多工作要做. 主要的工作两个: 一是明确指标的含义, 哪些应计入, 哪些不应计入; 二是不同指标的信息不能重叠, 倘若有重叠就应把它消除. 当然还有其他的工作, 例如指标的量化、指标的时间界限和空间范围等. 围绕指标的上述一系列工作基本上属于定性分析的范畴. 显然, 没有指标体系, 全社会科技投入调查与分析的工作就无从谈起.

量化是个热门名词. 量化投资、企业管理量化、体育运动量化分析、心理测量量表、健康测量量表以及文学 (如红楼梦的量化) 等. 量化研

究首先做的第一件事就是设置指标, 构建指标体系. 由此看来, 下面这句话不无道理, 至少在应用统计领域, 定量分析的前提是定性分析, 没有定性的定量可以说是盲目的、无价值的分析.

设置统计指标遇到的一个困难就是, 有些问题, 可能有两个甚至多个指标符合要求, 不同的指标有可能导致不一样的分析结论. 飞机、火车、汽车与航运是出门旅行的最通用的四种交通工具. 哪个最安全? 机毁人亡的新闻报道让不少人感到乘飞机好比冒险上路, 飞机会不会出事故似乎只能听天由命. 究竟飞机是否安全, 不能光凭感觉, 而应来自数据分析. 数据分析首先要做的事就是设置统计指标, 量化交通工具的安全性. 这样的统计指标不止一个, 它们都有依据, 看上去都有道理.

● 第 1 个统计指标: "每亿公里里程的死亡人数". 由于飞机飞行行程长, 距离远, 所以每亿公里出事故的死亡人数, 飞机要低于火车与汽车. 按这个指标量化, 则飞机最安全. 下面的数据摘自百度网站没有作者署名的文件. 2008 年飞机重大事故的发生率为每飞行 14 亿 mi(22.5 亿 km) 有一次重大事故, 而 30 年前, 重大事故的发生率为每飞行 1.4 亿 mi(2.25 亿 km) 有一次重大事故. 按这个统计指标量化, 这 30 年来飞机的安全性提高了 10 倍. 很容易看到这个指标的缺点, 它仅考虑路程, 没有考虑乘客人数. 为此很自然地有下面第 2 个指标.

● 第 2 个统计指标: "每 100 亿乘客公里数的死亡人数". 根据《统计数据的真相》[3] 的第 5.3 节 "害怕飞行" 中的数据:

飞机: 每 100 亿乘客公里数 3 人死亡;

火车: 每 100 亿乘客公里数 9 人死亡.

按第 2 个指标量化, 仍然是飞机比火车安全. 其实对于乘客来说, 他最关心的并不是下一个公里内会不会遇难, 而是下一个小时内会不会遇难. 为此很自然地有下面第 3 个指标.

● 第 3 个统计指标: "每 1 亿乘客小时数的死亡人数". 根据《统计数据的真相》的第 5.3 节 "害怕飞行" 中的数据:

飞机: 每 1 亿乘客小时数 24 人死亡;

火车: 每 1 亿乘客小时数 7 人死亡.

按第 3 个指标量化, 飞机就不如火车安全. 事实上, 上述数据是《统计数据的真相》在飞机时速 800km, 火车时速 80km 的假设条件下算得的:

飞机: 飞机时速 800km, 则由飞机每 100 亿乘客公里数 3 人死亡算得, 每 1 亿乘客小时数 24 人死亡;

火车: 火车时速 80km, 则由火车每 100 亿乘客公里数 9 人死亡算得, 每 1 亿乘客小时数 7

人死亡.

● 不考虑运行距离与时间, 仅考虑乘客, 则有第 4 个指标: "每 1 亿乘客的死亡人数". 下面的数据摘自百度网站没有作者署名的文件.

中国汽车的死亡率: 中国 2009 年上半年交通事故死亡人数是 3 万人, 行人占 30% ~ 50%. 这也就是说汽车司机与乘客约占交通事故死亡人数的 50% ~ 70%, 汽车司机与乘客的死亡人数为 2 万人以下. 上半年全国汽车总乘坐人次约为 1000 亿人次, 所以:

2009 年上半年中国汽车: 每 1 亿乘坐人次死亡 20 人;

全球飞机死亡率: 2009 年上半年全球空难死亡人数是 700 人. 上半年全球飞机总乘坐人次约 10 亿人次, 所以:

2009 年全球飞机: 每 1 亿乘坐人次死亡 70 人.

按第 4 个指标量化, 飞机不如汽车安全.

● 保险公司很关心的是第 5 个指标: 每百万次飞行发生的有人员死亡的空难事故的次数. 下面的数据摘自百度网站没有作者署名的文件. 每百万次飞行有人员死亡的空难事故: 1991 年是 1.7 次, 1999 年首次降到 1 次以下, 2000 年再次下降到 0.85 次. 按 2000 年的计算, 则 117.65 万次飞行中会发生 1 次死亡空难事故.

这也就是说, 如果有人每天坐一次飞机, 平均来说要 3223 年会遇上一次死亡空难事故. 况且死亡空难事故并不是说所有旅客都死亡. 由此可见, 乘坐飞机空难死亡的可能性微乎其微.

量化交通工具安全性的统计指标不止一个. 众说纷纭, 这些指标看来都是有些道理的. 比较能说明问题的可能要算第 5 个指标. 飞机造成伤亡的事故率约为一百万分之一. 相比其他交通工具飞机是最不容易出事故的. 由于飞机出现事故时生还率很小, 所以空难给人的震撼感极大. 这犹如鲨鱼袭击人, 一年仅约 50 起, 但它却被封为 "海洋第一杀手". 事实上, 它袭击的人数远没有溺死的人数多.

设置统计指标遇到的另一个困难就是指标的含义, 哪些应计入, 哪些不应计入, 常莫衷一是, 没有一致的看法.

失业率是量化劳动力市场供求结构的一个很重要的统计指标, 其计算公式很简单:

$$失业率 = \frac{失业人数}{劳动力人数} \times 100\%$$

其中分母,

$$劳动力人数 = 就业人数 + 失业人数$$

为计算失业率, 首先得计算失业人数与就业人数这 2 个统计指标. 失业其实有很多种解释, 没有一个大家公认的最好的定义. 有的国家要求失业者必须有工作经历, 这也就是说未能找到工作的, 刚从学校毕业的人, 即使他永远找不到工作, 都不能登记为失业. 而有的国家对刚毕业的人要求就比较宽松, 未能找到工作的, 或若干年之后仍未能找到工作的, 都可登记为失业. 有的国家规定登记为失业的人的年龄必须在 16 周岁与 64 周岁之间. 而有的国家规定在 16 周岁与退休年龄之间. 有的国家规定寻找暂时性工作, 或寻找一周工作时间不超过 18 小时的人不能登记为失业. 有的国家很严格, 寻找非全日制工作的就不能登记为失业; 而有的国家比较宽松, 寻找一周工作时间少于 15 小时的人才不能登记为失业. 至于分母其中的就业, 它也没有一个大家公认的最好的定义. 例如, 公务员与士兵算不算就业. 又如独立就业者算不算. 如果算就业, 则分母扩大, 导致失业率降低. 由此看来, 只需把他们, 或把其中的某个计入就业人数, 则尽管失业人数没有减少, 但失业率却明显降低了. 由于不同的地区关于失业与就业的定义是有差别的, 因而失业率往往难以作横向比较. 倘若不同时间段的定义也有差别, 那同一个地区的纵向比较也就失去意义了. 统计指标的含义绝不能含糊. 否则, 根据含糊的统计指标收集得到的数据所进行的统计分析, 其分析结论是可疑的.

## 4.3　权　　重

居民消费物价指数 CPI(consumer price index) 反映居民家庭一般所购买的消费商品和服务价格水平变动的程度与趋势, 用来度量货币购买力的变动情况.

1998 年 5 月我参加了由香港城市大学管理科学系举办的 "商业数量分析案例教学研讨会". 会议期间访问了香港政府统计处. 访问时我索取了由统计处编写的小册子 "消费物价指数". 这本小册子说, 以 1994 年至 1995 年为基期的消费物价指数 CPI 有杂项服务、交通、杂项物品、耐用物品、衣服、烟酒、燃料及电力、住房、食品九个大类. 其中, 食品又分为食品 (不包括外出用膳) 和外出用膳两个小类. 统计处编制甲类、乙类与恒生三个消费物价指数 CPI. 它们分别以不同的住户组别为对象:

*119*

- 甲类消费物价指数 CPI 适用于较低开支组别的住户;
- 乙类消费物价指数 CPI 适用于中等开支组别的住户;
- 恒生消费物价指数 CPI 适用于较高开支组别的住户.

此外统计处还编制综合消费物价指数 CPI, 它适用于所有住户. 这四个消费物价指数 CPI 的九个大类两个小类的权重见表 4.1.

表 4.1　以 1994 年至 1995 年为基期的消费物价指数 CPI 的权重 $Q$　（单位：%）

| CPI | | 甲组 | | 乙组 | | 恒生 | | 综合 | |
|---|---|---|---|---|---|---|---|---|---|
| 杂项服务 | | 9.27 | | 12.30 | | 14.42 | | 11.90 | |
| 交通 | | 7.17 | | 7.57 | | 8.79 | | 7.77 | |
| 杂项物品 | | 6.03 | | 6.44 | | 5.79 | | 6.14 | |
| 耐用物品 | | 4.34 | | 5.85 | | 6.31 | | 5.49 | |
| 衣服 | | 5.12 | | 6.95 | | 8.04 | | 6.66 | |
| 烟酒 | | 2.06 | | 1.18 | | 0.77 | | 1.35 | |
| 燃料及电力 | | 3.37 | | 2.16 | | 1.50 | | 2.36 | |
| 住房 | | 25.34 | | 28.18 | | 34.00 | | 28.83 | |
| 食品 | 食品 (不包括外出用膳) | 16.87 | 37.30 | 10.38 | 29.37 | 6.23 | 20.38 | 11.34 | 29.50 |
| | 外出用膳 | 20.43 | | 18.99 | | 14.15 | | 18.16 | |

　　总的来说, 住户在食品与住房上的开支比重比较大, 而在烟酒上的开支比重比较小. 因而前者的权重都比较大, 后者的权重都比较小. 较低开支组别的住户用于食品、燃料及电力等生活必需品上的开支比较多, 所以甲组消费物价指数 CPI 的这两个大类的权重比其他组别大. 而较高开支组别的住户用于其他, 例如衣服、杂项服务等上的开支比重较大. 因而较高开支组别的恒生消费物价指数 CPI 中的衣服、杂项服务的权重就比其他组别大. 而这正是为什么编制不同组别

消费物价指数的原因.

消费物价指数 CPI 的计算公式为

$$\text{CPI} = \frac{\sum P_t Q}{\sum P_0 Q}$$

其中, $Q$ 是权重, $P_t$ 是报告期 (当前, 例如访问香港政府统计处时的 1998 年) 的各个类的物价, 而 $P_0$ 是基期 (某个确定时期, 这里是 1994 年至 1995 年) 的各个类的物价. 香港政府统计处按月在商店与服务行业调查预选商品与服务的价格. 汇总收集到的价格资料, 确定当年各个类的物价. 权重 $Q$ 每 5 年调整一次. 香港政府统计处在基期, 这里是 1994 年 10 月 ~1995 年 9 月这 12 个月内对样本住户进行调查, 调查每一个样本住户的九个大类两个小类的开支. 根据调查所得到的数据, 将住户划分为较低、中等及较高三个开支组别, 并确定权重.

确定权重, 大家很容易想到主成分分析 (principal component analysis). 第一主成分最重要, 信息量最多. 我们就按第一主成分取权重. 倘若不论问题的实际意义与要求, 一味地使用主成分分析方法, 那是有可能出错的. 主成分分析的主要目的是希望用较少的变量去解释数据中的变异. 第一主成分是最能解释数据中变异的线性组合. 这也就是说, 第一主成分这个线性组合最能

121

把这很多个数据区分开来. 由此看来, 第一主成
分通常照顾离散程度高的 (方差比较大的) 变量,
它们在第一主成分中的权重通常比较大, 而方差
比较小的变量的权重通常会比较小. 一般来说,
住户在食品上的开支, 其差别不会太大, 方差比
较小. 而住户有的好烟酒, 有的没有烟酒的嗜好,
他们在烟酒上的开支, 其差别不会太小, 方差比
较大. 倘若按第一主成分取权重. 则食品的权重
就很有可能会比较小, 而烟酒的权重就很有可能
会比较大. 这显然与住户各类开支的模式不相吻
合. 编制消费物价指数, 倘若使用主成分分析方
法, 按第一主成分取权重, 则就与专家经验, 直
观感受相悖, 不为人们所接受.

香港政府统计处根据样本住户开支调查的
数据, 计算每个样本住户的九个大类两个小类的
消费支出在总的消费支出中的比重. 同一类中,
不同住户的开支比重必然有差异. 显然, 每一类
的权重主要是根据住户开支这一类比重的中心
位置 (平均大小) 而确定的, 与它们的离散程度
(方差) 没有什么太大的关系. 关于消费物价指数
中权重的确定, 香港政府统计处并没有使用主成
分分析法.

消费物价指数中权重的确定这个例子告诉
我们, 使用统计方法去解决实际问题, 必须清楚
这个方法的使用范围. 如果, 例如是升学考试, 根

据多门课程考试成绩区分考生的学习水平, 则就可以使用主成分分析方法. 按第一主成分确定每一门课程考试的权重, 从而将多门课程考试成绩综合在一起, 并由此区分考生. 当然统计分析是为决策提供依据或建议, 究竟如何综合多门课程考试的成绩, 除了依据主成分分析, 很重要的还应考虑各门课程对于后继学习的重要程度. 当然还需依据专家的经验, 依据实际情况以及实践操作的可行性. 实际问题中确定权重, 定性分析是其中不可或缺的一个方法.

确定权重, 必须依据专家的经验. 专家的经验判断不尽相同, 有的甚至有比较大的差异. 为了将专家的意见集中统一起来, 很容易想到的方法是召集专家开会. 但专家会议法有不少缺陷, 例如, 会议上权威人士的意见影响着其他专家的意见; 有些专家碍于情面, 不愿意发表与其他专家不同的意见, 盲目服从多数; 有些专家出于自尊心, 不愿意修改自己原来不全面的意见. 为了改进专家会议法 20 世纪 40 年代由赫尔默 (Helmer) 和戈登 (Gordon) 首创了德尔菲法. 1946 年美国兰德公司首次采用这个方法进行决策分析. 德尔菲这一名称起源于古希腊太阳神阿波罗的神话. 传说中阿波罗神能预见未来. 在德尔菲有座阿波罗神殿. 因而德尔菲成了众人心目中的预卜未来的神谕之地. 于是人们就借用德尔菲这个地名, 作为这个方法的名字. 德尔菲法也称专家调查法, 是一种采用通信方式将所需解决的问题分别发送到各个专家手中, 征询意见. 然后汇总全部专家的意见, 整理出综合意见. 随后将综合意见再反馈给各个专家, 再次征询意见. 各专家依据综合意见修改自己原有的意见. 然后再汇总, 再反馈. 多次反复, 逐步取得较为一致的意见. 德尔菲法能充分发挥各位专家的作用, 集思广益, 且能避免专家会议法存在的缺陷. 显然, 过程较为复杂, 费时较长是德尔菲法的一个缺点.

前面我们提到, 上海市全社会科技投入调查与分析课题构建了层次化的指标体系, 共有三层指标. 对于这种比较复杂的层次结构的指标体系, 可用层次分析法 (analytic hierarchy process, AHP) 确定权重. 层次分析法是 20 世纪 70 年代中期由美国运筹学家托马斯·塞蒂 (T.L.Saaty) 首创的. 层次分析法首先确定第一层指标的权重. 接下来确定从属于第一层指标的第二层指标的权重. 以此类推. 层次分析法用两两成对比较的方法确定权重.

德尔菲法与层次分析法主要依据专家的经验, 定性与定量分析相结合. 除了确定权重, 它们还可用于各种类型的决策问题. 有关这两个方法的详细介绍请见《数据模型与决策简明教程》[8]

的第九章"决策分析".

## 4.4 预 测

人们需要探索未知, 期望有预测未知的能力. 大凡学统计的都会为统计可用来预测而感到自豪. 事实上, 统计预测准确与否, 依赖于过去、现在与未来, 状态是否平稳如常 (简称常态). 常态下我们就可以用过去的历史数据解释未来, 很好地预测未来. 如果状态变得异常不平稳, 倘若仍然用过去的历史数据去解释未来, 则预测就有可能出现偏差. 而一旦有突发事件发生, 从过去到现在, 到未来, 状态发生了突然很大的变化时, 仍然用过去的历史数据去解释未来, 这怎么可能做到准确预测未来, 预测很可能有非常大的偏差. 突发事件是个小概率事件, 其发生的可能性很小. 但突发事件的影响往往很大, 突发事件处理不当那就有危险, 甚至有非常大的危险. 事实上, 不可能一切都可成功预测. 如果运气好, 预测非常顺利, 我们肯定很兴奋. 如果运气不好, 预测不顺利, 因为有挑战我们也会感到兴奋. 这就是幸福, 促使我们在未知中前行.

因突发事件预测失误带来巨大损失, 公司处于危机之中的例子莫过于美国长期资本管理公司的这个反例 (《漫话信息时代的统计学》[17] 的

*125*

3.9.3 节). 美国长期资本管理公司 (LTMC) 的掌门人梅里韦瑟 (John Meriwether) 被誉为能 "点石成金" 的华尔街债券套利之父, 是世界第一流的债券运作高手. 公司成员有 1997 年诺贝尔经济学奖获得者斯科尔斯 (Myron S. Scholes) 和默顿 (Robert C. Merton), 美国前财政部副部长及美联储副主席莫里斯 (David Mullis) 以及国际上一流公关融资人才和证券交易精英等. 公司真可谓是 "梦幻组合". 公司在 1994 年成立后的 3 年间发展非常顺利. 净资产从公司成立之初的 12.5 亿美元, 上升到 1997 年年末的 48 亿美元, 盈利率高达 40%. 公司业绩傲人, 自以为掌握了致富秘籍, 能正确预测金融市场的走向. 1997~1998 年亚洲金融危机与俄罗斯金融风暴的突然事件发生之后, 公司居然走到了破产边缘. 由于突发事件, 市场走势发生了变化, 根据历史数据公司看跌沽空的德国债券价格上涨了, 看涨做多的意大利债券价格下跌了, 认为正相关的关系变为负相关, 而认为负相关的却变为正相关了. 短短 150 天里, 公司两头亏空, 亏损达 43 亿美元, 净资产仅剩 5 亿美元. 幸亏美联储出面组织援助, 以美林、摩根为首的 15 家国际金融机构共同收购接管了该公司, 才避免公司倒闭的厄运.

事实上, 突发事件在发生之前不无端倪. 能在千丝万缕之中发现蛛丝马迹, 那是需要超前别人两步的洞察分析能力. 美国经济学家克鲁格曼 (Paul Robin Krugman) 基于对东南亚国家的经济、政治、贸易、货币与外汇政策的分析, 1994年在亚洲经济一片看好声中, 克鲁格曼却在权威学术杂志《外交事务》双月刊上撰文批评亚洲模式, 认为仅靠大投入而不进行技术创新和提高效率的做法, 容易形成泡沫经济, 在高速发展的繁荣时期, 就已潜伏着深刻的危机, 迟早要进入大规模调整. 1996 年克鲁格曼在他的《流行国际主义》一书中干脆直接预言亚洲金融危机即将爆发. 1997 年危机真的爆发了. 克鲁格曼关于国际油价与美国楼市也都有预言, 不幸他都言中了. 克鲁格曼这些成功的预言是建立在定性分析与定量分析的基础之上的, 这奠定了他作为 "新一代经济大师" 的地位. 克鲁格曼 2008 年获得诺贝尔经济学奖, 表彰他在分析国际贸易模式和经济活动地域等方面所做的贡献.

　　学好统计, 用好统计, 除了知道什么能做, 更需要知道什么不能做. 除了知道常态下能有效预测, 也应该知道非常态下不能有效预测. 倘若我们 "未知的无知", 不知道什么不能做, 那就有可能, 例如在突发事件中决策错误, 遭受巨大损失, 处于危机之中. 应用统计尤其是危机时的应用统计迫切需要定量与定性分析相结合.

## 思 考 题 四

1. 根据 2010 年上海市第六次人口普查资料, 上海市常住人口年龄的分布情况如表 4.2 所示.

表 4.2　上海市常住人口的年龄分布

| 年龄组/岁 | 人数/万 | 百分比/% |
|---|---|---|
| 0~4 | 793295 | 3.4462 |
| 5~9 | 632783 | 2.7489 |
| 10~14 | 556800 | 2.4189 |
| 15~19 | 1121198 | 4.8707 |
| 20~24 | 2620350 | 11.3833 |
| 25~29 | 2571154 | 11.1696 |
| 30~34 | 2128100 | 9.2449 |
| 35~39 | 1921281 | 8.3464 |
| 40~44 | 1877737 | 8.1573 |
| 45~49 | 1800675 | 7.8225 |
| 50~54 | 1802721 | 7.8314 |
| 55~59 | 1723410 | 7.4868 |
| 60~64 | 1138342 | 4.9452 |
| 65~69 | 665356 | 2.8904 |
| 70~74 | 523047 | 2.2722 |
| 75~79 | 555109 | 2.4115 |
| 80~84 | 351529 | 1.5271 |
| 85~89 | 172942 | 0.7513 |
| 90~94 | 52312 | 0.2273 |
| 95~99 | 10124 | 0.044 |
| 100~104 | 868 | 0.0038 |
| 105~ | 63 | 0.0003 |
| 合计 | 23019196 | 100.0000 |

(1) 画出 2010 年上海市常住人口的年龄分布直方

图. 试对直方图峰谷交替的现象进行分析.

(2) 计算 2010 年上海市常住人口年龄的平均数. 这个平均数是不是人的平均寿命?

(3) 计算 2010 年上海市常住人口年龄的中位数. 上海市常住人口年龄的平均大小 (中心位置), 用年龄的中位数表示比较好, 还是用 (2) 计算的年龄的平均数表示比较好?

(4) 平均寿命又称期望寿命. 所谓期望寿命通常指的是, 初生婴儿的平均寿命. 2010 年出生的婴儿很多, 有的寿命长, 有的寿命短. 等到这些婴儿都过世了, 再来计算期望寿命. 这样的计算方法显然是不现实的. 人们通常根据人口调查数据, 估计各个年龄的人的死亡率, 构造生命表. 然后根据生命表计算期望寿命. 试根据表 2.4(格朗特的生命表), 计算格朗特 (1620~1674) 生活的年代下伦敦地区人的期望寿命 (假设各年龄段死者的寿命是各段的中间年龄). 除了初生婴儿的期望寿命, 生命表还可用来计算一定年龄的人的期望寿命.

2. 香港政府统计处编制的综合消费物价指数 CPI, 共有九个大类两个小类的日常生活消费的商品和服务项目. 每个商品和服务项目都又包括很多类别. 例如, 食品就包括蔬菜、水果、肉与水产品等. 且这些类别下面又都包括很多种类的食品. 消费物价指数 CPI 的九个大类两个小类的物价, 实际上是每个商品和服务项目所包括的很多个食品的物价的平均. 如何计算平均物价, 看以下问题.

北京市场上有 80 种品牌的饼干, 它们的每千克平

均售价 (简称价格) 和销售量的数据见表 4.3(数据摘自《数据模型与决策》[19] 一书中的案例).

(1) 能否用全部 80 种饼干价格的平均数作为北京市场上销售的饼干价格的代表? 倘若你认为这样不行, 那么饼干价格的平均数应如何计算?

(2) 北京的一家食品厂准备生产一种新品种的饼干. 公司考虑制定一个让顾客接受的合理价格, 以使得新品种的饼干有一个比较好的销售量. 为此公司想了解价格对销售量的影响. 试根据表 4.3 的数据, 分析价格和销售量之间的关联性.

(3) 这全部 80 种饼干的价格和销售量数据中有没有异常值. 若有异常值, 你认为应怎样看待异常值, 怎样处理异常值.

表 4.3　北京市场饼干的消费量与价格

| 品牌 | 价格/(元/kg) | 消费量/kg |
| --- | --- | --- |
| 美嘉思 | 14 | 1231.85 |
| 嘉士利 | 34.62 | 1465.89 |
| 麦哥真巧 | 30.86 | 1774.29 |
| 伟虎 | 14 | 1892.91 |
| 统泰泰迪小熊 | 36 | 2324.44 |
| 集味村 | 28.41 | 2480.04 |
| 积士佳趣香 | 9.09 | 2545.33 |
| 波力 | 44.84 | 2568.11 |
| 纳贝斯克趣多多 | 31.68 | 2638.48 |
| 大实惠 | 20 | 3233.99 |
| 广怡 | 14.67 | 3518.17 |
| 奇宝太平 | 19.09 | 3566.58 |
| 婴儿乐 | 26.67 | 4264.28 |

续表

| 品牌 | 价格/(元/kg) | 消费量/kg |
|---|---|---|
| 奇宝均然消化饼 | 17.51 | 4672.33 |
| 首钢 | 13 | 4752.2 |
| 四洲 | 25.24 | 4865.42 |
| 雀巢 | 31.1 | 5042.91 |
| 珍珍迪芙利 | 26.24 | 5108.73 |
| 吉人A佳佳 | 25.88 | 5367.7 |
| 奇宝每乐时 | 17.81 | 5465.26 |
| 统一 | 29.56 | 5500.35 |
| 锦湖派 | 25 | 5655.53 |
| 广合 | 31.41 | 5865.45 |
| 奇宝趣轻松 | 23.48 | 6103.94 |
| 义利 | 23.6 | 6243.1 |
| 达能王子 | 22.13 | 6509.67 |
| 达能闲趣 | 21.48 | 6758.18 |
| 达能甜趣 | 25.03 | 7100.93 |
| 纳贝斯克富丽 | 19.55 | 7356.44 |
| 统泰 | 24.81 | 7439.63 |
| 达能 | 20.92 | 7627.28 |
| 康元 | 17.7 | 7740.45 |
| 奇宝 | 20.79 | 7744.67 |
| 徐福记 | 24.63 | 7989.3 |
| 多利亚娜 | 13.59 | 7996.84 |
| 福聚源 | 19.29 | 8151.09 |
| 三禾 | 20 | 8231.85 |
| 冠生园 | 22.03 | 8289.18 |
| 爱士宝 | 20.08 | 8524.06 |
| 纳贝斯克鬼脸嘟嘟 | 19.03 | 8689.36 |

**131**

| 品牌 | 价格/(元/kg) | 消费量/kg |
|---|---|---|
| 立洲 | 16.67 | 8874.66 |
| 凯旋蛋黄堡 | 16.04 | 8888.74 |
| 江顺 | 14.12 | 9005.62 |
| 豪迈 | 13.75 | 9046.93 |
| 嘉顿 | 19.87 | 9384.98 |
| 娇萌 | 15.72 | 9414.11 |
| 阿尔发 | 25.04 | 9454.5 |
| 半球味丹 | 14 | 9731.32 |
| 金旺达 | 11.26 | 9762.08 |
| 英联 | 11.25 | 9809.51 |
| 贝斯克乐之 | 20.92 | 9924.99 |
| 百威不一凡 | 16.95 | 10101.74 |
| 嘉伦 | 15.38 | 10461.08 |
| 康馨 | 13.88 | 10561.53 |
| 达利 | 13.04 | 10960.55 |
| 纳贝斯克奥利桑 | 29.33 | 11627.43 |
| 嘉荣 | 4.9 | 11838.62 |
| 溢东 | 11.91 | 12303.55 |
| 青食 | 13.9 | 12713.01 |
| 餐王 | 17.78 | 12830.94 |
| 亨裕 | 17.31 | 13686.17 |
| 原乡 | 12.27 | 14181.94 |
| 华蕾 | 11.89 | 15175.16 |
| 华美 | 10.08 | 17658.74 |
| 澳力发 | 6.13 | 18058.67 |
| 积士佳 | 10.4 | 19937.88 |
| 凯旋旋旋圈 | 12.7 | 23055.87 |

续表

| 品牌 | 价格/(元/kg) | 消费量/kg |
|---|---|---|
| 稻香村 | 9.19 | 26508.14 |
| 伊祥斋 | 8 | 29504.4 |
| 青援 | 5.22 | 31693.07 |
| 博通曲奇星 | 9.23 | 32123.53 |
| 天福 | 7.6 | 34732.28 |
| 利华 | 8.33 | 36321.39 |
| 博通 | 9.25 | 36898.25 |
| 无品牌 | 9.36 | 38343.5 |
| 麦事达 | 8.42 | 39033.51 |
| 德德利 | 6.25 | 43832.88 |
| 康师傅 | 23.01 | 112827.4 |
| 美丹 | 8.7 | 139493.1 |
| 雅典娜 | 12.32 | 21134.65 |

*133*

# 5 相关与因果

相关 (又称关联) 这个概念是著名英国科学家弗朗西斯 · 高尔顿 (Francis Galton, 1822~1911) 最早提出的. 本章 5.1 的有关内容摘自我国已故著名统计学家, 中国科学院院士陈希孺教授的著作《数理统计学简史》[2] 的第七章.

## 5.1 高尔顿与皮尔逊

高尔顿深受他表兄达尔文的著作《物种起源》一书的影响, 对遗传学很感兴趣. 他用实验、调查与观察等方法收集到大量遗传学的数据, 并用统计方法加以分析. 研究过程中使他感到困惑的一个问题是, 按中心极限定理, 正态分布成立的条件是受到很多的但每一个作用都比较小的因素的影响, 而遗传是一个显著的因素, 那人的身高为什么是正态分布. 我想我们大家也思考过这个问题, 都会感到困惑不解.《统计学》[20] 的第 8 章说高尔顿的学生, 著名英国统计学家卡尔·皮尔逊 (Karl Pearson, 1856~1936) 曾进行了一项研究, 研究家庭成员间的相似性. 作为这项研究的一部分, 他测量了 1078 对父亲及其成年儿子的身高. 图 5.1 是这 1078 对父亲及其成年儿子身高的散点图. 由散点图可以看到, 高个子的父亲其成年儿子往往也比较高, 矮个子的父亲其成年儿子往往也比较矮. 这也就是说, 父亲身高这个遗传因素对儿子成年后的身高有显著的影响. 既然如此, 那为什么成年儿子的身高是正态分布. 通过计算可以解释这个疑问. 父亲的身高给定之后, 其成年儿子身高的条件分布是正态分布, 父亲身高的 (边际) 分布是正态分布. 由此不难计算得到成年儿子身高的 (边际) 分布是正态分布. 通过计算释义, 简单明了, 但总感到少了些思想.

135

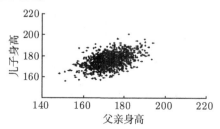

图 5.1　父亲及其成年儿子身高的 1078 对数据的散点图

高尔顿对于这个问题的解惑只有三言两语, 但是很有思想, 发人深思, 大意如下.

● 成年儿子的身高受到父亲身高的影响 + 很多但每一个作用都较小的因素的影响;

● 父亲的身高受到很多但每一个作用都较小的因素的影响;

● 由此可见成年儿子的身高受到很多但每一个作用都较小的因素的影响;

● 所以成年儿子身高是正态分布.

高尔顿还通过实际观察印证自己的想法. 此外他还巧妙地改进他原来设计的高尔顿钉板 (Quincunx 或 Galton board), 形象地解释了他的想法. 高尔顿钉板见图 5.2.

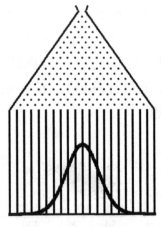

图 5.2　高尔顿钉板

板的三角形区域内的众多的点表示钉在板上的一个个彼此距离相等的钉子. 当小圆球从顶上的漏斗向下降落时, 碰到钉子就以 1/2 的概率向左或向右滚下. 如果有 $n$ 排钉子, 则板下部的各个槽内球的个数服从二项分布 $b(n, 0.5)$, 按中心极限定理, 当 $n$ 较大的时候, 球的个数接近正态分布. 板的底部聚成正态曲线.

高尔顿设想在板下部矩形区域的中间某处有个挡板把小球截住 (图 5.3(a)), 小球将在挡板处聚成正态曲线. 假设挡板下面与三角形区域一样, 也有很多的彼此距离相等的钉子, 又假设挡板各个槽都有阀门. 若打开某个阀门, 则在底部就聚成一个小的正态曲线. 设想, 倘若将每一个阀门都打开, 则在底部就聚成许多个大小与位置不一的小正态曲线 (图 5.3(b)). 没有挡板时底部聚成的正态曲线正是这许多个小正态曲线的混合. 将挡板理解为遗传因素, 例如父亲身高. 挡板处聚成的正态曲线相当于父亲身高的 (边际) 分布. 身高相同的父亲, 其成年儿子的身高不一定相等. 各个槽内的父亲可认为有同样的身高. 槽的阀门打开后底部聚成的小正态曲线相当于身高相同的父亲其成年儿子身高的 (条件) 分布. 这些 (条件) 分布的混合, 也就是底部许多个小正态曲线的混合就是成年儿子身高的 (边际) 正态曲线. 高尔顿利用这个装置形象地解释了虽然遗传因素对儿子成年后的身高有显著的影响,但为什么成年儿子的身高仍然是正态分布的原因.

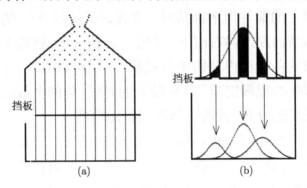

图 5.3　有挡板的高尔顿钉板

在高尔顿用正态分布拟合人的身高的过程中,使他感到困惑的另一个问题是,高个子父母的子女长得高,矮个子父母的子女长得矮.倘若一代又一代地按照这样的趋势发展下去,高个子的后代越来越高,矮个子的后代越来越矮,长此以往人类的后代势必两极分化.但现实情况却与之相悖,人的身高分布是稳定的正态分布.关于这个问题的解惑高尔顿用了两个方法:一是豌豆种植实验;二是父母与成年子女身高的调查.根据豌豆种植的实验结果高尔顿发现,直径大的豌豆其子代的直径往往也比较大,但直径比母代直径大的子代少,而直径比母代直径小的子代多;直径小的豌豆其子代的直径往往也比较小,但直径比母代直径小的子代少,而直径比母代直径大的子代多. 总之, 豌豆后代的直径有向中心回归的趋势. 调查父母与成年子女身高也有同样奇妙现象的发现. 父母高个子, 其子女身高有低于父母身高的趋势; 父母矮个子, 其子女身高有高于父母身高的趋势. 总之, 子女身高有向中心回归的趋势. 统计学中的回归这个名词就是这样得来的. 回归的发现是统计学的一个突破性进展. 当然, 生物后代有向中心回归的趋势, 这是 "回归" 一词最早的含义. 当今回归分析的含意早已远离原来的生物后代向中心回归的意思. 简单地说, 所谓回归分析, 意思是说, 它是用来研究相关联的两个或更多变量间相互依赖的数量关系, 其应用极其广泛.

豌豆种植实验数据以及父母与成年子女身高的调查数据的分析, 高尔顿引入了回归与回归直线. 回归直线的斜率早先高尔顿称为逆转系数 (coefficient of reversion), 意指后代向母代中心的回归. 后改称为现时通用的回归系数 (coefficient of regression).

高尔顿除了发现成年子女的身高与其父母身高有关联以及豌豆母代的直径与其子代的直径有关联之外, 他还发现人的身高与其前臂的长度也有关联. 由此他引入了相关与相关系数的概念. 他开始用 co-relation 表示相关这个概念, 后改用现今通行的 correlation.

139

除了回归与相关, 高尔顿在遗传学还有很多重大的统计学的发现. 他根据实验、观察与调查等数据, 分析得出了这些重大的发现. 皮尔逊曾这样评价高尔顿的工作, 他说: "高尔顿能够从他的观察值中产生这一切结论, 在我心目中一直是纯粹从观察值的分析中得出的最值得注意的科学发现之一."

相关的概念最早出自高尔顿. 相关系数的计算公式首先由埃其渥斯 (Francis Ysidro Edgeworth, 1845~1926) 给出. 埃其渥斯给出的就是现时通用的相关系数的计算公式:

$$r = \frac{\sum (x_i - \bar{x})(y_i - \bar{y})}{\sqrt{\sum (x_i - \bar{x})^2} \sqrt{\sum (y_i - \bar{y})^2}}$$

埃其渥斯出生在爱尔兰, 牛津大学毕业后一直在英国工作. 皮尔逊也给出了这个相关系数的计算公式, 但比埃其渥斯晚了 4 年. 皮尔逊将当时已有但表述含混不清的相关和回归的结果做了系统的综合整理, 在理论和方法上都做了全新的处理与发展, 因而这个相关系数通常称为皮尔逊 (乘积) 矩相关系数.

高尔顿认为相关的存在是由于两个变量之值至少部分地受到一种公共原因的影响. 父母身高与子女身高相关显然受到亲子代代遗传的影响. 正因为如此, 人们刚开始时对高尔顿提出的这个概念有个疑问, 遗传以外的其他领域有没有相关的变量. 皮尔逊的学生约尔 (George Udny Yule, 1871~1951) 除了对生物感兴趣, 他对社会与经济也很有兴趣. 皮尔逊与约尔等统计学家将高尔顿提出的相关与回归的概念, 从生物学拓广到社会与经济领域. 约尔还开创了时间序列分析, 讨论了有 "时间相关" 的数据分析问题, 提出了自回归. 这种 "在混乱中建立关系" 是他关注的重点. 偏相关系数与复相关系数也是约尔引进的. 如今, 相关与回归已深入人心, 应用于人类活动的方方面面.

## 5.2  相 关 系 数

除了皮尔逊矩相关系数, 常用的还有斯皮尔曼秩相关系数与肯德尔相关系数 $\tau$. 斯皮尔曼 (Charles Edward Spearman, 1863~1945) 是著名英国心理学家. 他作为实验心理学的先驱, 对心理统计学的发展做了大量的研究. 很多心理测量数据是有序等级属性数据, 斯皮尔曼据此于 1904 年导出了等级相关的计算方法, 也就是所谓的斯皮尔曼秩相关系数. 其计算公式为

$$\rho = \frac{\sum \left(R_i - \bar{R}\right)\left(Q_i - \bar{Q}\right)}{\sqrt{\sum \left(R_i - \bar{R}\right)^2}\sqrt{\sum \left(Q_i - \bar{Q}\right)^2}}$$

其中, $R_i$ 是 $(x_1, x_2, \cdots, x_n)$ 由小到大排列后 $x_i$ 的秩 (位次), $Q_i$ 是 $y_i$ 在 $(y_1, y_2, \cdots, y_n)$ 中的秩. 斯皮尔曼秩相关系数 $\rho$ 看来仅是将皮尔逊矩相关系数 $r$ 推广至等级相关的情况, 其实不然, 它们有不同的含义.

皮尔逊矩相关系数 $r$ 度量两个变量线性相关的程度. $r$ 越接近 1, 两个变量就越线性正相关. 斯皮尔曼秩相关系数 $\rho$ 度量两个变量相关的程度. 所谓相关意思是说, 当其中的一个变量增大的时候, 另一个变量有增大 (或减少) 的趋势. $\rho$ 越接近 1(或 $-1$), 两个变量就越正 (或负) 相关.

使用皮尔逊矩相关系数检验线性相关需要有正态分布假设. 而斯皮尔曼秩相关系数是非参数统计秩方法, 它可用于包括正态分布的极其广泛的不同分布. 更有甚者, 1904 年斯皮尔曼提出的秩相关系数被认为是非参数统计秩方法的开始.

除秩相关系数, 1904 年斯皮尔曼还创立了多元统计的因子分析方法. 这个被认为是他学术上最伟大的成就. 斯皮尔曼观察分析人的智力测验数据, 异常敏锐地提出了智力结构的 "G 因素 (一般因素)" 和 "S 因素 (特殊因素)" 的二因素论. G 因素是对各个类别的智力测验都有贡献的因素, 而 S 因素仅对某个类别的智力测验有贡献. 自斯皮尔曼提出了二因素论之后, 开始了多元统计因子分析的理论及它在很多领域的应用研究.

肯德尔 (Maurice George Kendall, 1907~1983) 是著名英国统计学家. 1938 年他提出了另一类型的等级相关系数, 称为肯德尔相关系数 $\tau$, 其计算公式为

$$\tau = \frac{2}{n(n-1)}z$$

其中

$$z = \sum_{1 \leqslant i < j \leqslant n} \text{sign}\left((x_i - x_j)(y_i - y_j)\right)$$
$$= \sum_{1 \leqslant i < j \leqslant n} \text{sign}\left((R_i - R_j)(Q_i - Q_j)\right)$$

其中, $\text{sign}(t)$ 是符号函数: 在 $t > 0$, $t = 0$ 和 $t < 0$ 时, $\text{sign}(t)$ 分别等于 1, 0 和 $-1$. $R_i$ 是 $x_i$ 在 $(x_1, x_2, \cdots, x_n)$ 中的秩, $Q_i$ 是 $y_i$ 在 $(y_1, y_2, \cdots, y_n)$ 中的秩. 1943 年肯德尔与斯图尔特 (Alan Stuart, 1922~) 合作出版了 *The advanced theory of statistics* 三卷集巨著. 在中国很多人是通过学习这本巨著认识肯德尔的.

对于相关性的度量和检验、使用皮尔逊矩相关系数、斯皮尔曼秩相关系数还是使用肯德尔相关系数 $\tau$, 没有一个确定的说法. 建议在实际问题中这几种系数都用.

143

肯德尔相关系数 $\tau$ 还可用于列联表数据的相关性分析. 看下面的例子. 500 个精神病人按抑郁症和自杀意向的轻重程度的分类数据见表 5.1. 这是个 $3 \times 3$ 的二维列联表. 很自然地人们很想知道, 抑郁程度与自杀意向是否正相关. 这也就是说, 有没有这样的趋势: 抑郁程度越轻的人不大会自杀, 而抑郁程度越重的人越有可能自杀? 通常将列联表的行属性与列属性的正 (或负) 相关称为是行与列的正 (或负) 相合. 肯德尔相关系数 $\tau$ 可用于列联表相合性的度量与检验.

表 5.1  精神病人的分类数据

|  | 无抑郁 | 中等抑郁 | 严重抑郁 | 合计 |
|---|---|---|---|---|
| 无自杀意向 | 195 | 93 | 34 | 322 |
| 想要自杀 | 20 | 27 | 27 | 74 |
| 曾自杀过 | 26 | 39 | 39 | 104 |
| 合计 | 241 | 159 | 100 | 500 |

首先由轻到重分别给出不同抑郁程度与自杀意向的秩. 从而有表 5.2.

表 5.2  精神病人分类数据的秩

|  |  | 抑郁程度 $R_i$ | | | 合计 |
|---|---|---|---|---|---|
|  |  | 1 | 2 | 3 |  |
| 自杀意向 $Q_j$ | 1 | 195 | 93 | 34 | 322 |
|  | 2 | 20 | 27 | 27 | 74 |
|  | 3 | 26 | 39 | 39 | 104 |
| 合计 |  | 241 | 159 | 100 | 500 |

显然

$$z = \sum_{i<j} \operatorname{sign}\left((R_i - R_j)(Q_i - Q_j)\right) = P - N$$

其中

(1) $P$ 是 $i < j$ 时, $(R_i - R_j)(R_i - R_j) > 0$ 发生的次数;

(2) $N$ 是 $i < j$ 时, $(R_i - R_j)(R_i - R_j) < 0$ 发生的次数.

显然, 正相合时 $z$ 是正数, 负相合时 $z$ 是负数. 由表 5.2 算得 $P = 34491, N = 10543, z = P - N = 23948$. 在列联表中 $(R_i - R_j)(R_i - R_j) = 0$ 发生了很多次, 因而列联表的肯德尔相关系数 $\tau$ 有其与众不同的计算方法. 对列联表相合性的度量与检验有兴趣的读者可参阅《属性数据分析》[7].

## 5.3  识 别 相 关

识别是否相关, 除了计算相关系数, 还可使用描述性统计, 如列表、画图等方法. 我们不能偏爱计算相关系数, 有的时候列表、画图等更容易识别是否相关.

人体需要盐, 但并不是说越多越好. 摄盐量过多是高血压的一个主要危险因素. 表 5.3 列举了一些地区平均每人每天的盐摄入量与患高血压的比例. 由此可见, 盐摄入量与血压有正相关的关系. 此外还有医学文献报道, 当盐摄入量减少时, 血压会相应下降. 至于盐摄入量与血压为什么正相关, 这些问题的原因分析就需要用到医学等其他领域的知识. 学科结合交叉就能产生巨大的力量. 饮食过咸会导致水、钠的储留, 使血管内的血液更多, 血压更高, 所以有必要控制盐摄入量每人每天不超过 6g, 尤其高血压病患者更应饮食清淡. 有医学文献, 例如流行病学研究还进一步揭示, 盐摄入过多除了引起高血压以外, 还可以导致左心室体积增大. 控制盐摄入量对于预防高血压与心血管疾病都有帮助.

表 5.3　平均食盐量与高血压患者的比例

| 地区 | 平均每人每天盐摄入量/g | 患高血压的比例/% |
| --- | --- | --- |
| 日本北部 | 26 | 40 |
| 日本南部 | 14 | 21 |
| 中国 | 12 | (2002 年)18.8 |
| 非洲部分土著 | 10 | 8.6 |
| 马绍代尔群岛 | 7 | 6.9 |
| 爱斯基摩人 | 4 以下 | 大约为 0 |

　　除了列表, 画图, 尤其是画散点图、趋势图等也很容易识别是否相关. 图 5.1 是父亲及其成年儿子身高的 1078 对数据的散点图. 散点图告诉我们父亲的身高与其成年儿子的身高呈正相关, 而且是线性正相关. 散点图上的点密集于一

个椭圆. 椭圆长轴所在的直线就是回归直线. 经计算, 回归直线是

儿子身高 (cm)= $85.67 + 0.516 \times$ 父亲身高 (cm)

散点图上的点均衡地散布在这条回归直线的上下两边 (图 5.4). 可能有人认为这条直线不是很恰当, 对右面的这些点来说它应该再往上翘一点. 但倘若右边往上翘则对于左面的这些点来说就不恰当了.

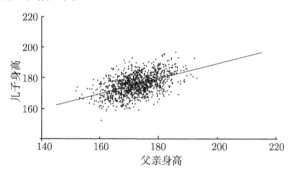

图 5.4　父亲及其成年儿子身高的散点图与回归直线

人口统计中女性为 100 人时的男性平均人数称为性别比. 根据 2000 年上海市第五次人口普查数据, 上海市各年龄段的性别比如表 5.4 所示.

画年龄与性别比的散点图, 并按年龄大小依次连接这些点, 从而得到性别比关于年龄的趋势图, 见图 5.5. 年龄越大, 性别比的变化趋势基本上是越来越小. 过了 60 岁, 性别比下降得非常

快. 年龄与性别比呈负相关.

表 5.4    上海市各年龄段的性别比

| 年龄/岁 | 性别比 | 年龄/岁 | 性别比 | 年龄/岁 | 性别比 |
|---|---|---|---|---|---|
| 0~4 | 110.3 | 35~39 | 117.1 | 70~74 | 84.7 |
| 5~9 | 108.5 | 40~44 | 109.8 | 75~79 | 76.8 |
| 10~14 | 105.4 | 45~49 | 108.7 | 80~84 | 65.4 |
| 15~19 | 100.4 | 50~54 | 109.5 | 85~89 | 52.1 |
| 20~24 | 106.3 | 55~59 | 106.2 | 90~94 | 39.6 |
| 25~29 | 113.9 | 60~64 | 97.8 | 95~99 | 35.8 |
| 30~34 | 120.3 | 65~69 | 89.4 | 100~ | 15.5 |

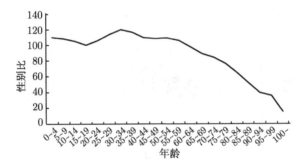

图 5.5    性别比关于年龄的趋势图

必须注意的是, 计算相关系数以及列表与画图都说这两个变量相关, 但是他们有可能并不真正相关. 识别这样一种情况, 需要具体问题具体分析. 一般来说有以下两种情况.

情况 1: 他们其实是不相关的, 判断为相关仅是由于偶然. 这种情况往往发生在小样本的时候. 识别是否相关最好是大样本. 倘若依据经验推测, 有他们是否相关的先验信息, 则样本量少一些也无妨.

情况 2: 他们看上去相关, 其实这是一个错觉. 对学校, 例如小学的所有低年级和高年级的学生, 都记录下他足长 (脚趾到脚跟的长度) 以及他语文阅读能力的成绩, 你会发现足长大的学生, 其语文阅读能力往往比较强. 足长与语文阅读能力正相关. 这难道说新词学会得越多, 他的脚就变得越大. 或者说, 有一个办法使得儿童学会更多的新词, 那就是想办法使得他的脚变大. 事实上足长和与语文阅读能力是没有关系的. 至于他们为什么看上去正相关, 那是因为足长和语文阅读能力都与年龄有关. 年龄大了, 年级越来越高, 阅读得更好而且由于长大而穿不下原来的鞋. 如果对同一年级学生, 记录下他足长以及其语文阅读能力, 就会发现足长与语文阅读能力没有什么关系. 年龄、足长与语文阅读能力这三个变量的关系如图 5.6 所示. 年龄混杂在足长与语文阅读能力这两个变量之间. 通常称这种变量为混杂变量.

149

足长与语文阅读能力看上去相关, 造成这个错觉的原因, 就是因为把各个年级的学生合在一起, 忽略了年龄这个混杂变量. 由此可见, 区别一个变量是不是混杂变量, 一个很简单的办法就是, 不要合起来, 而是分开来看, 按混杂变量年龄, 一个一个年级分层进行观察分析.

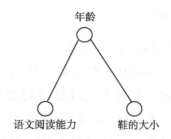

图 5.6　混杂变量年龄与足长、语文阅读能力的关系

　　MCI Corporation 是美国一家规模很大的通信公司, MCI 公司的股票代码是 MCIC. Massmutual Corporate Investors Fund 是美国资本市场的一只债券型基金, 简称 MCIF, 它的股票代码是 MCI. 按理, 基金 MCIF 的涨跌与 MCI 公司没有任何联系, 可认为它们相互独立. 但每当 MCI 公司有好消息的时候, 基金 MCIF 就涨价; 每当 MCI 公司有坏消息时, 基金 MCIF 就下跌. 基金 MCIF 的涨跌与 MCI 公司的消息看上去相互关联. 经研究, 这个错觉造成的原因出乎人们的意料. 基金 MCIF 的投资者主要是散户. 有很多散户在购买基金 MCIF 时, 错以为自己购买的是 MCI 公司的股票. 原来是散户自摆乌龙造成了这个错觉. 由于错误信息造成散户的这类乌龙事件在很多资本市场都发生过. 这个例子告诉我们, 除了分析有没有混杂变量, 看信息有没有偏差也是识别错觉的一个方法.

　　抑郁症是精神疾病中最常见的一种. 去医

院治疗抑郁症的病人大多居住在城里, 由此是否可以认为抑郁症与居住地有关联, 城里人抑郁症的患病率比农村高, 抑郁症等同于城市病. 其实这是一个错觉. 根据国外很多国家的数据, 抑郁症的患病率, 农村与城市没有太大的差别. 在我国随着城里人越来越了解抑郁症, 他们会主动前往专科医疗机构求诊. 在农村很多人对抑郁症缺乏认知, 没有多少人去医院治疗抑郁症, 但这并不等于说农村抑郁症的患病率低. 仅根据到医院就诊的数据, 是造成城里人抑郁症的患病率比农村高的这个错觉的原因. 这个例子告诉我们, 看选取的样本观察数据有没有偏差是识别错觉的又一个方法.

151

国外有记载的抑郁症患病率高达 11%. 我国抑郁症患病率, 有的认为是 3%~5%, 有的说达到 6%. 某大型医疗机构涵盖 4 个省市, 根据共 6 万人的样本, 测算我国抑郁症的患病率大致为 2%. 能不能就此推测, 抑郁症与国别有关联, 我国抑郁症的患病率比其他国家低. 这其实也是个错觉. 除了我国农村很多人对抑郁症缺乏认知的原因之外, 还与我国的传统文化有一定的关系. 亚洲文化讲求含蓄、内敛、隐忍. 因而抑郁症患者往往以 "头疼"、"不舒服" 等来掩盖情绪的低落, 内心的 "不开心". 患者不愿开口承认患抑郁症, 有病耻感. 这就是统计调查研究中所谓的霍桑效应.

霍桑效应起源于 1924~1933 年, 以美国哈佛大学心理学专家乔治·埃尔顿·梅奥 (George Elton Mayo) 教授为首的研究小组进行了一系列的实验研究. 他们在美国西部电气公司在芝加哥的一座专门进行实验研究的名叫霍桑的工厂里, 研究工作条件与生产效率之间的关系. 工作条件包括外部环境条件 (如照明强度、湿度等) 以及心理影响因素 (如休息间隔、团队压力、工作时间、管理者的领导力等). 所谓霍桑效应指的是, 在考察某项措施的效果时, 措施的作用对象受到了大家很多的关注, 或者作用对象本人对这项措施抱有某种想法, 从而他在报告结果时有可能会言过其实, 夸大或缩小效果. 统计调查研究中的霍桑效应指的是, 被调查者, 例如病人在说明自己的情况时, 若家属在场有可能会掩饰某些情况. 它还指的是病人或病人家属可能言过其实, 夸大或掩饰他们认为不好的病人生活习惯. 在统计调查时应仔细区分有没有霍桑效应. 正是由于霍桑效应, 亚洲文化中的抑郁症患者, 隐藏得比较深, 难以鉴别. 看来, 霍桑效应是造成我国抑郁症的患病率比其他国家低这个错觉的原因.

他们看上去相关其实是个错觉的识别方法, 除了上面所说的:

(1) 有没有混杂变量;

(2) 有没有错误信息;

(3) 样本观察数据有没有偏差;

(4) 有没有霍桑效应.

这些情况之外, 还有其他一些情况. 有的时候, 错觉造成的原因很蹊跷, 出乎人们的意料. 总之, 识别错觉正如我们一再强调的, 必须具体问题具体分析, 思考这里面有什么可怀疑的.

## 5.4 因 果 关 系

在变量关联时, 以下几种情况容易导致混淆.

情况一: 变量有关联, 并不能说明它们之间一定是因果关系. 前面我们说, 高尔顿发现人的身高与其前臂的长度有相关关系. 但这并不能说因为长得高所以前臂长. 当然这也不能说因为前臂长所以长得高. 它们有相关关系, 仅是因为它们受同一因素, 亲子遗传的影响. 它们都是遗传基因共同的果.

情况二: 变量有关联, 看上去它们之间有因果关系, 但很难确定哪一个变量是原因, 哪一个变量是结果. 例如, 天气冷通常会下雪. 究竟是气温下降导致下雪, 还是下雪导致了气温下降. 这犹如先有鸡, 还是先有蛋的问题难以回答.

153

情况三：变量有关联, 凭人的直觉得到的因果关系有可能相互颠倒, 是个假象. 大家可能都有这样的体会, 小时候常听妈妈说, 人有足癣是好事, 没有足癣人就要生病. 健康的人通常会有足癣, 而有病的人却通常没有足癣. 但由此得出这样的结论："有了足癣人就健康", 其实是不对的. 事实是, 患病发热对霉菌的生长不利. 同时由于生病时人往往躺在床上, 不穿鞋袜, 脚局部通风良好, 这对霉菌的生长也不利. 所以 "因为没有足癣所以生病" 是假象, 而 "因为生病发热所以没有了足癣" 才是真相.

将相关关系进一步辨识为因果关系是很有意义的一件事. 2008 年诺贝尔医学奖授予德国科学家哈拉尔德·楚尔·豪森及两名法国科学家弗朗索瓦丝·巴尔－西诺西和吕克·蒙塔尼. 他们的获奖成就是发现了人乳头状瘤病毒 (HPV), 并且他们利用分子生物学方法证明了该病毒的致癌机理, 它是导致女性第二常见癌症——宫颈癌的罪魁祸首. 正因为他们开创性的工作, 发现了 HPV, 并证明了它与宫颈癌有因果关系, 所以目前已开发出预防宫颈癌的 HPV 疫苗, 造福人类. 要证明某种病毒与癌症之间的直接因果关系是相当困难的. 例如, 现在只能说乙肝病毒与肝癌高度相关, 尚没有证明两者之间有必然的因果关系. 否则人类就可以开发出预防肝癌的疫苗了. 研究病理机制, 将 "不清楚" 弄成 "清楚", 更好地造福人类, 是医学进步的一个重要内容.

中医的有些 "验方", 甚至民间的一些 "偏方" 临床观察后发现很有效. 例如, 顽固性腹泻的病人, 中医传统有服用 "童便 (儿童的大便)" 来治疗的, 临床观察很有效. 这究竟是什么原因? 迷迷糊糊, 让人难以理解. 医学研究表明, 顽固性腹泻破坏了肠道的正常菌群, 服用 "童便" 用以补充 "双歧杆菌" 这一类肠道有益菌群, 从而治愈腹泻疾病. 搞清楚机制, 制成了补充双歧杆菌的制剂. 这种制剂普遍使用之后, 谁还会再去吃 "童便" 呢.

**155**

做学问, 例如医学研究除了知其然, 还要知其所以然. 不但要知道结果, 还很有必要知道结果的形成机理与过程, 求得甚解. 但人们还必须知道, 短时间内往往不容易解惑得到甚解. 倘若一定要有了甚解之后才着手解决问题, 那很可能, 例如企业的决策失去时效了. 市场竞争激烈, 市场信息稍有迟缓, 企业决策即使仅慢了一步, 就有可能贻误时机. 对电子商务书商来说, 知道喜欢买这类书的客户, 大都喜欢买那类书就够了, 没有必要知道这是为什么. 这正如《大数据时代》[10] 一书中所说的, 知道 "是什么" 就够了, 没必要知道 "为什么". 在大数据时代, 不必非得知道现象背后的原因, 而要让数据自己 "发声".

## 思 考 题 五

1. 成年男子的身高与体重正相关, 体重较重的成年男子往往身高较高. 这是不是意味着, 要想长得高那就多吃一点?

2. "口红经济" 说的是, 统计数据显示随着经济一点点地恶化, 市场口红销售将节节上升. 在经过近 10 年的经济繁荣之后, 2001 年下半年以来, 美国经济的增长速度开始大幅度下滑, 经济形势急剧恶化. 2001 年 12 月 14 日美国《今日信息报》登载的一篇文章说, 根据市场调查, 美国 8 月到 10 月大卖场的口红销售比去年同期上升 11%. 但是, 化妆品公司主要收入来源的高价化妆品、保养品等销售却未见上扬.

(1) 请尝试分析 "口红经济" 现象, 为什么在口红销售高升的背后, 隐藏的是经济下滑的警讯.

(2) "口红经济" 现象是否意味着, 大家少买甚至不买口红, 经济就会上去了.

3. 不少人认为手掌上的生命线与人的寿命正相关. 生命线越长的人, 其寿命就越长. 表 5.5 是 50 个人的左手掌上生命线的长度 (cm) 与其寿命 (年) 的数据 (数据摘自《数理统计学讲义》[21] 第四章习题第 19 题). 表 5.5 的观察值是否与这个想法相吻合.

表 5.5　生命线长度与寿命

| 生命线长度/cm | 寿命/年 | 生命线长度/cm | 寿命/年 |
| --- | --- | --- | --- |
| 9.75 | 19 | 9.00 | 68 |
| 9.00 | 40 | 7.80 | 69 |
| 9.60 | 42 | 10.05 | 69 |
| 9.75 | 42 | 10.50 | 70 |
| 11.25 | 47 | 9.15 | 71 |
| 9.45 | 49 | 9.45 | 71 |
| 11.25 | 50 | 9.45 | 71 |
| 9.00 | 54 | 9.45 | 72 |
| 7.95 | 56 | 8.10 | 73 |
| 12.00 | 56 | 8.85 | 74 |
| 8.10 | 57 | 9.60 | 74 |
| 10.20 | 57 | 6.45 | 75 |
| 8.55 | 58 | 9.75 | 75 |
| 7.20 | 61 | 10.20 | 75 |
| 7.95 | 62 | 6.00 | 76 |
| 8.85 | 62 | 8.85 | 77 |
| 8.25 | 65 | 9.00 | 80 |
| 8.85 | 65 | 9.75 | 82 |
| 9.75 | 65 | 10.65 | 82 |
| 8.85 | 66 | 13.20 | 82 |
| 9.15 | 66 | 7.95 | 83 |
| 10.20 | 66 | 7.95 | 86 |
| 9.15 | 67 | 9.15 | 88 |
| 7.95 | 68 | 9.75 | 88 |
| 8.85 | 68 | 9.00 | 94 |

157

# **6** 集合与总体

集合是数学的一个非常基本的概念, 很难精确定义. 人们常用描述的方法, 通过实际例子来解释何谓集合. 例如, 某地区所有居民组成的集合, 某工厂某一天生产的某种产品组成的集合, 所有自然数组成的集合, 一条直线上的点组成的集合. 居民、产品、自然数与点等称为集合中的元素.

## 6.1 集合与全体

苏联数学界的著名著作《数学, 它的内容、方法和意义》[9] 共有三卷二十章. 各章分别由不同的数学家写成. 第三卷第十五章 "实变数函数论" 的作者是著名数学家斯捷奇金. 这一章由我国著名数学家王元译, 越民义校. 在这一章的第二节 "集合论" 中, 斯捷奇金说 "每一个东西只能是给定的集合的一个元素, 换言之, 一个集合中所有的元素彼此都是不同的." 由此可见, 在集合的表达式中同一元素不论出现多少次甚至无穷次都仍看成为一个元素, 例如,

$$\{0, 1, 1, 1, 2, 2, \cdots\} = \{0, 1, 2\}$$

总体是统计学的一个非常基本的概念. 能不能把总体想象为研究对象所组成的集合. 事实上, 将总体定义为集合是不妥的. 例如, 研究产品是否合格, 能不能说总体就是产品的集合, 也就是能不能说总体就是一个个合格品与一个个不合格品组成的集合, 倘若如此, 则按集合论所说, 集合中元素彼此互异, 这岂不是说总体其实只有合格品与不合格品两个元素. 研究产品是否合格, 人们关心的是不合格率究竟有多大. 倘若总体只有合格品与不合格品两个元素, 与不合格率的大小没有丝毫关系, 这显然是不妥的. 由此可见, 不能用集合 (set) 来定义总体, 而应用全体 (totality) 定义总体.

**研究对象的全体称为总体**, 总体的每个成员**称为个体**, 个体不具有互异性, 可以相同. 研究产品是否合格, 总体是产品的全体, 而每一个产品称为个体, 其中的很多个体是合格品, 很多个

159

体是不合格品. 总体就是由一个个合格品与一个个不合格品组成的全体.可以用数表示产品合格与否, 例如, 用 0 与 1 分别表示产品是合格品与不合格品. 那么总体就是一个个 0 与一个个 1 的全体.总体中不合格品, 也就是 "1" 所占的比例就是产品的不合格率.

"产品是否合格" 这个问题的总体中, 其很多个体都是合格品, 除这些合格品之外的其余很多个体都是不合格品. 除了这一类总体, 还有一些总体, 其所有的个体彼此都是不同的, 或者说是几乎不同的. 例如, 研究人的身高, 其总体就是一个个人的身高组成的全体. 精确地说, 我们很难找到两个长得完全一样高的人. 我们只能说, 例如精确到厘米, 这两个人身高相等, 都是175cm. 但如果精确到毫米, 这两个人就可能长得不一样高了. 看下面标准砝码的称重例子.

美国国家标准局有一个 10g 的标准砝码. 标准砝码是重量标准, 它用来检定衡器, 例如天平是否准确. 既然是重量标准, 那它的重量就应该极其准确. 严格地说, 10g 标准砝码的重量并不一定精确地等于 10g, 可能有很微小的误差. 为测定有没有误差以及误差有多大, 从 1940 年起每个星期美国国家标准局都对 10g 的标准砝码称重测量一次. 称重测量非常精细, 精确到小数点后面第 6 位, 也就是 1μg(1μg 是 1g 的百万分之一).《统计学》[20] 第 6 章的表 1 列举了 1962 和 1963 这两年的 100 次的 10g 标准砝码的称重记录. 这些测量是在同一个房间用相同的设备进行的. 每次的测量程序都是相同的, 影响测量结果的因素, 例如温度、气压等也尽可能地保持不变. 即便如此, 这 100 次的测量值有的大有的小, 有的差别还比较大. 下面列举的是前 8 次的测量值:

9.999591, 9.999600, 9.999594, 9.999601, 9.999598, 9.999594, 9.999599, 9.999597.

前面 4 个数字都是 9.999, 接下来的一个数字都大于等于 5. 这也就是说, 如果称重仅精确到个位, 或精确到小数点后面 1, 2 或 3 位, 也就是没有精确到万分之一克, 那么这些测量值都是相同的, 都等于 10g. 美国国家标准局的测量精确到小数点后面 6 位, 那这些测量值就有差别了. 通过这样精细的测量我们发现, 这个 10g 的标准砝码其实大概只有 9.9996g, 比 10g 少了 0.0004g. 也就是 400μg, 400μg 大约是一或两粒 (精加工) 细盐的重量.

由标准砝码的称重例子可以看到, 由一个个人的身高组成的全体, 如果极其精确地测量其高度, 的确很难找到两个长得完全一样高的人. 当然我们也很难说一定找不到两个长得完全一样

**161**

高的人. 但我们可以这样说, 各人的身高几乎都
互不相等. 与集合中元素的互异性相类似地, 由
一个个人的身高组成的全体中, 个体几乎互异.
那么能不能说, 研究人的身高, 其总体是一个个
人的身高组成的集合. 事实上, 将个体几乎互异
的总体定义为集合也是不妥的.

《数学, 它的内容、方法和意义》[9] 的第三
卷第十五章的作者, 著名数学家斯捷奇金说 "集
合的概念是通过抽象化的途径而产生的. 人们
把任意东西的总和看成集合, 是抽去了集合中各
个东西之间的所有联系, 而仅保留了这些东西的
个别特性. " 据此他接着说 "由五个钱币做成的
集合与由五个苹果做成的集合就完全不相同. 但
是另一方面, 围成一个圆圈的五个钱币做成的集
合与一个个叠起来放的五个钱币做成的集合, 则
被看成是相同的. " 由此可见, 这里所说的集合
不考虑集合中元素的分布情况. 这也就是说, 五
个木块叠在一起 (图 6.1), 把它们放在东边与放
在西边这两个集合完全相同, 它们与紧靠在一起
排成一排 (图 6.2) 的集合以及分散地排成一排
(图 6.3) 的集合也都完全相同.

按集合论的说法, 集合与集合中元素的位置
(东边还是西边) 以及集聚分散程度都没有关系.
总之它与集合中元素的分布情况没有关系. 而在
统计研究中, 人们感兴趣的是总体有什么样的分

布, 它处在什么位置, 它比较集聚还是比较分散
等. 由一个个人的身高组成的总体, 人们希望
知道, 例如比较多的人身高在什么范围之内; 身
高超过某个特定值 (如 180cm) 的人有多大的比
例; 身高不到特定值 (如 160cm) 的人有多大的
比例; 身高在某个范围 (如 160~180cm) 之内的
人有多大的比例. 又如有的人长得高, 有的人长
得矮, 高低参差不齐是比较分散还是比较集聚.
由此看来, 将个体几乎互异的总体, 例如由一个
个人的身高组成的总体定义为集合也是不妥的.

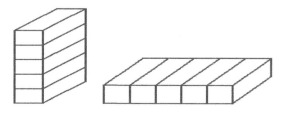

图 6.1　叠在一起的木块　图 6.2　紧靠排成一排的木块

图 6.3　分散地排成一排的木块

**严格地说**, 集合 (set) 中的元素互异, 集合
不考虑其元素是如何分布的. **总体是统计学的
最基本的概念之一**. **总体定义为研究对象的全体
(totality)**, 总体中的个体不具有互异性, 可以相
同. 总体中的个体是如何分布的, 那是人们最关
心的事.

## 6.2  总 体 分 布

由一个个合格品与一个个不合格品组成的
总体中, 有可能合格品比较多, 也有可能不合格
品比较多. 人们希望了解合格品与不合格品分
别有多大的比例. 这也就是说合格品与不合格
品的分布情况是人们所关心的. 由此就引出了
随机变量与总体分布的概念.

研究产品是否合格, 实际上就是对一个随机
变量 $X$ 进行研究, $X$ 仅取 0 与 1 这两个值, 它
服从 (0-1) 分布, 通常

● 用 "$X = 1$" 表示产品不合格, 并记 "$X =
1$" 的概率, 也就是产品的不合格率为 $p$, $P(X =
1) = p$;

● 用 "$X = 0$" 表示产品合格, 则 "$X = 0$"
的概率, 也就是产品的合格率为 $1 - p$, $P(X =
0) = 1 - p$.

研究产品是否合格, 前面我们说总体就是由一个
个合格品与一个个不合格品组成的全体. 引入了
(0-1) 分布的随机变量 $X$ 之后, 就可简单地说,
总体就是这个 (0-1) 分布的随机变量 $X$, 或者说
总体就是这个 (0-1) 分布. 随机抽检一个产品, 就
相当于得到了 (0-1) 分布的随机变量 $X$ 的一个
观察值, 或简单地说得到了 (0-1) 分布的一个观

察值. 将总体抽象成随机变量或分布, 则很多问题都可抽象归结为同一个模型来加以研究. 凡是与产品是否合格相类似的问题, 只有两个结果, 他们的总体都可抽象归结为 (0-1) 分布的模型. 例如, 销售经理与客户洽谈, 洽谈成功与否的可能性有多大; 光顾商场的顾客购买商品的可能性有多大; 法庭的诉讼判决上诉的可能性有多大; 足球比赛需要加时的可能性有多大; 飞机乘客要求提供米饭的可能性有多大的问题等. 这一类问题都可以用 (0-1) 分布的模型来描述.

除了 (0-1) 分布的模型, 常用的还有其他的分布模型. 用得比较多的是正态分布模型, 例如, 人的身高问题就可用正态分布模型来描述. 倘若对中国成年男子的身高进行研究, 设想将他们都集中在一起, 要求他们自左至右按身高由低到高地排列, 同样身高的成年男子排成一直列. 不难想象, 排列好之后的图形如图 6.4 所示. 它有个最高的点, 这也就是说中间平均状态的人最

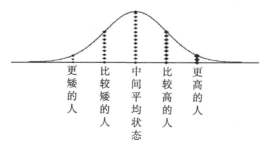

图 6.4　成年男子的身高

多. 长得高的人越来越少, 长得矮的人也越来越少, 关于中间平均状态左右两边对称. 身高的分布犹如钟形对称.

不仅身高, 还有体重、胸围、脉搏等人的生理特征的总体分布也是如图 6.4 那样的钟形对称. 此外, 产品的重量、长度、内径等质量指标的总体分布也往往是钟形对称. 为方便研究, 人们将这一类的问题抽象简化为同一个模式加以研究: 假设轮廓线与水平轴中间的面积等于 100%. 这意思是说, 所有的个体, 例如成年男子或产品全都在这个区域之内, 并按某种次序, 例如成年男子按身高由低到高或产品按重量由轻到重排列, 研究图 6.4 这条轮廓线的方程. 经过很多人不断的实践尝试摸索, 最后由德国科学家高斯 (Gauss, 1777~1855) 于 1809 年在研究测量误差分布时, 根据测量误差的钟形对称图, 首次给出了图 6.4 这条轮廓线的方程. 这就是所谓的正态曲线. 高斯基于正态曲线提出了正态分布. 故正态分布又称为高斯分布. 二百多年来无论是理论研究还是实践应用, 都充分说明了高斯的这项工作对人类文明的影响非常大. 正因为正态分布的地位如此的重要, 德国 10 马克的纸币 (图 6.5) 除印有高斯的头像外, 还在头像的左边印有正态曲线.

图 6.5　德国 10 马克的纸币

人的身高、体重、胸围、脉搏等, 产品的长度、重量、内径等, 测量误差, 炮弹落点的纵向和横向偏差, 农作物的收获量, 某地区的年降雨量等都可以用正态分布模型来描述.

## 6.3　分　布　类　型

在高斯提出正态分布之前, 法国数学家拉普拉斯也给出了图 6.4 这条轮廓线的一个方程. 这就是所谓的双指数曲线, 其分布称为是双指数分布, 又称拉普拉斯分布. 拉普拉斯对他提出的这个分布进行了深入的研究, 有很多的结果. 这些结果往往都比较复杂, 难以演算与应用. 包括拉普拉斯本人, 大家都感到他所得到的结果用起来不方便, 不能令人满意. 高斯提出的正态分布, 由于其演算简单很快就被人们接受. 拉普拉斯得知高斯发现正态分布之后感到很高兴, 舍弃了自

*167*

己提出的用拉普拉斯分布拟合图 6.4 这条轮廓线的想法, 并且用中心极限定理为高斯提出的正态分布给出了一个合理、令人信服的解释. 高斯提出了正态分布, 而拉普拉斯不仅舍弃了自己提出的分布, 而且为确立正态分布在统计中的重要地位作了重要的贡献, 这是统计发展历史上的一段佳话.

人的身高显然与遗传有关. 正因为如此, 不同国家的人的身高往往有明显的差别. 因而一般都是就某个特定的国家研究人的身高问题. 身高显然男女有别. 男女身高一般都分开来进行研究. 身高与年龄有关. 少年儿童 (0~18 岁) 年年都在长高, 但成年之后身高趋于稳定. 因而儿童身高通常按不同年龄分别研究, 而成年人身高一般就不分年龄了. 下面以中国成年男子身高为例, 描述性地对正态分布作一个解释.

中国成年男子有的高有的矮, 这是因为各人的营养、睡眠、体育锻炼尤其是户外运动、阳光的照射量、精神与遗传等因素各不完全相同. 在这些因素中没有一个因素对身高的影响特别大. 这也就是说, 中国成年男子的身高受到很多但每一个作用都比较小的因素的影响. 而这正如拉普拉斯所指出的, 根据中心极限定理就可认为, 中国成年男子身高服从正态分布. 这反过来也告诉我们, 如果不分性别, 将男女混合在一起, 则对中国成年人而言, 他们的身高除了受到营养、睡眠、体育锻炼尤其是户外运动、阳光的照射量、精神与遗传等因素的影响之外, 还受到性别的影响, 且其中受性别的影响特别大. 因而中国成年人的身高就不服从正态分布.

为研究中国人的体型分类与国家标准《服装号型》的制订问题, 自 1986~1990 年历时 5 年, 在我国不同地区共测量了 5115 个成年男子和 5507 个成年女子的身高. 经计算, 其平均数和标准差的值为:

成年男子的身高: 平均数 167.48cm, 标准差 6.09cm;

成年女子的身高: 平均数 156.58cm, 标准差 5.47cm;

据此认为:

我国成年男子身高服从正态分布

$$N\left(167.48\ 6.09^2\right);$$

我国成年女子身高服从正态分布

$$N\left(156.58\ 5.47^2\right).$$

倘若 5115 个成年男子和 5507 个成年女子分别按身高由低到高排列, 它们的轮廓线大致如图 6.6 所示. 总的来说, 成年男子排列在右, 成年女子排列在左. 这说明成年男子总的来说长得比

成年女子高. 成年男子轮廓线的最高点比较低,
而成年女子轮廓线的最高点比较高, 这是由于成
年男子身高的标准差 (6.09) 大, 而成年女子身高
的标准差 (5.47) 小的缘故. 因而成年男子中, 在
平均水平左右, 例如, (167.48 ± 10.00)cm 高的人
在成年男子中的所占的比例少一些, 而成年女子
中, 在平均水平左右, 例如, (156.58 ± 10.00)cm
高的人在成年女子中的所占的比例多一些. 成年
男子身高的标准差比成年女子的大, 这意味着男
性身高的变化比较大, 高低参差不齐比较分散,
不如成年女子身高那么集聚. 比较两组数据的
变化程度除了用标准差, 还可以用变异系数, 即
标准差除以均值. 变异系数的引进很容易理解,
测量上海到南京以及上海到北京的距离, 倘若它
们的测量误差相等, 例如都是 5km, 由于上海到
北京的距离比到南京的距离远得多, 所以绝对测
量误差同样是 5km, 但上海到南京的误差精确
程度, 就不如到北京的. 由此看来, 用绝对测量
误差除以距离来衡量测量的精确性有其合理性.
与之类似地, 除了用标准差, 还可以用标准差除
以均值得到的变异系数来衡量数据的分散与集
聚的程度. 经计算:

$$成年男子身高的变异系数 = \frac{6.09}{167.48} = 0.0364;$$

$$成年女子身高的变异系数 = \frac{5.47}{156.58} = 0.0349.$$

根据变异系数可知, 仍是男子身高的变异更大一些.

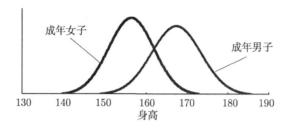

图 6.6　成年男子与成年女子的身高

倘若将 5115 个成年男子和 5507 个成年女子混合在一起, 按身高由低到高排列, 其轮廓线大致如图 6.7 所示. 成年男女合在一起后的轮廓线, 其左右两边并不对称. 由此看来, 成年男女合在一起后, 其身高就不服从正态分布. 一般将它看成是成年男与女身高的两个正态分布的混合. 上面所举的身高的例子, 总结一下其实就是下面三句话:

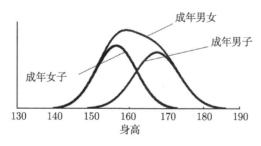

图 6.7　成年男子、成年女子与成年男女的身高

(1) 对中国成年男子来说, 没有一个因素对身高的影响特别大, 其身高服从正态分布;

(2) 对中国成年女子来说, 没有一个因素对身高的影响特别大, 其身高服从正态分布;

(3) 对中国成年人来说, 性别这个因素对身高的影响特别大, 其身高不服从正态分布.

正态分布在统计学的地位非常重要. 但必须注意的是, 正态分布地位虽然重要, 但它并不能包揽一切, 有很多的实际问题需要用非正态分布的模型来描述. 这个意思是说, "正态" 不能理解为 "正常", "非正态" 不能理解为 "非正常". "正态"(normal) 应理解为 "钟形对称" 那样规范、标准的意思. 正态分布与非正态分布都是常态分布. 下面就自然现象与工程技术这两个领域各举一例说明实际问题的分布类型多种多样.

172

下雨是常见的自然现象. 通常假设某地区的年降雨量服从正态分布. 但台风降雨量却认为它不服从正态分布. 这与热带气旋强度是影响台风降雨量的主要因素有关.

寿命是产品可靠性的一个重要质量指标. 通常假设家用电器产品, 例如灯泡的寿命服从正态分布. 但机电类产品的寿命通常认为它不服从正态分布. 这很可能是因为材料缺陷, 或应力是影响机电类产品寿命的主要因素. 瑞典工程师威布尔 (Weibull)1949 年提出了一种类型的分布, 用以描述机电类产品的寿命分布. 人们称这个分布为威布尔分布. 当然也有人认为可以用其他, 例如对数正态分布、伽马分布或对数伽马分布等描述寿命分布.

至于年降雨量与家用电器产品 (如灯泡的寿命) 为什么服从正态分布, 台风降雨量服从什么类型分布以及机电类产品的寿命用什么类型分布描述比较好等问题, 这归根结底都需要实证分析研究, 需要降雨量的多年观察数据以及产品寿命的多次观察与试验数据. 从这个意义上讲, 统计学需要实证分析研究, 它可看成是一门实验科学.

## 思 考 题 六

1. 表 6.1 是上海中心气象台测定的上海市 125 年 (1884~2008 年) 的年降雨量的数据 (单位: mm). 试根据这批数据分析上海市年降雨量的分布情况.

提示: 频数、频率分布表和直方图可用来整理杂乱无章的数据, 从中发现其内在的数量规律性. 制作频数、频率分布表和画直方图的步骤如下:

(1) 找出这一批数据的最小值和最大值.

(2) 将数据分组. 一般取组数为 5~20, 组距 ≈(最大值 − 最小值)/组数. 为找到数据隐含着的信息, 必须选取适当的组数和组距. 组分得太多或太少, 组距太长或太短都难以发现规律.

(3) 计算落入每一组的数据个数 (频数), 计算频率, 制作频数、频率分布表. 通常的做法: 每一组的上限在组内, 下限不在, 而是在前面的这一组内.

(4) 画直方图.

表 6.1　上海市 125 年 (1884~2008 年) 的年降雨量

| 年份/年 | 降雨量/mm | 年份/年 | 降雨量/mm | 年份/年 | 降雨量/mm |
|---|---|---|---|---|---|
| 1884 | 1184.4 | 1909 | 1288.7 | 1934 | 840.4 |
| 1885 | 1113.4 | 1910 | 1115.8 | 1935 | 1061.4 |
| 1886 | 1203.9 | 1911 | 1217.5 | 1936 | 958 |
| 1887 | 1170.7 | 1912 | 1320.7 | 1937 | 1025.2 |
| 1888 | 975.4 | 1913 | 1078.1 | 1938 | 1265 |
| 1889 | 1462.3 | 1914 | 1203.4 | 1939 | 1196.5 |
| 1890 | 947.8 | 1915 | 1480 | 1940 | 1120.7 |
| 1891 | 1416 | 1916 | 1269.9 | 1941 | 1659.3 |
| 1892 | 709.2 | 1917 | 1049.2 | 1942 | 942.7 |
| 1893 | 1147.5 | 1918 | 1318.4 | 1943 | 1123.3 |
| 1894 | 935 | 1919 | 1192 | 1944 | 910.2 |
| 1895 | 1016.3 | 1920 | 1016 | 1945 | 1398.5 |
| 1896 | 1031.6 | 1921 | 1508.2 | 1946 | 1208.6 |
| 1897 | 1105.7 | 1922 | 1159.6 | 1947 | 1305.5 |
| 1898 | 849.9 | 1923 | 1021.3 | 1948 | 1242.3 |
| 1899 | 1233.4 | 1924 | 986.1 | 1949 | 1572.3 |
| 1900 | 1008.6 | 1925 | 794.7 | 1950 | 1416.9 |
| 1901 | 1063.8 | 1926 | 1318.3 | 1951 | 1256.1 |
| 1902 | 1004.9 | 1927 | 1171.2 | 1952 | 1285.9 |
| 1903 | 1086.2 | 1928 | 1161.7 | 1953 | 984.8 |
| 1904 | 1022.5 | 1929 | 791.2 | 1954 | 1390.3 |
| 1905 | 1330.9 | 1930 | 1143.8 | 1955 | 1062.2 |
| 1906 | 1439.4 | 1931 | 1602 | 1956 | 1287.3 |
| 1907 | 1236.5 | 1932 | 951.4 | 1957 | 1477 |
| 1908 | 1088.1 | 1933 | 1003.2 | 1958 | 1017.9 |

续表

| 年份/年 | 降雨量/mm | 年份/年 | 降雨量/mm |
|---|---|---|---|
| 1959 | 1217.7 | 1984 | 800.2 |
| 1960 | 1197.1 | 1985 | 1673.4 |
| 1961 | 1143 | 1986 | 1128.1 |
| 1962 | 1018.8 | 1987 | 1396.9 |
| 1963 | 1243.7 | 1988 | 824.9 |
| 1964 | 909.3 | 1989 | 1328.1 |
| 1965 | 1030.3 | 1990 | 1253.7 |
| 1966 | 1124.4 | 1991 | 1433.0 |
| 1967 | 811.4 | 1992 | 1038.1 |
| 1968 | 820.9 | 1993 | 1595.3 |
| 1969 | 1184.1 | 1994 | 849.0 |
| 1970 | 1107.5 | 1995 | 1304.2 |
| 1971 | 991.4 | 1996 | 1202.2 |
| 1972 | 901.7 | 1997 | 1089.3 |
| 1973 | 1176.5 | 1998 | 1255.3 |
| 1974 | 1113.5 | 1999 | 1792.7 |
| 1975 | 1272.9 | 2000 | 1295.1 |
| 1976 | 1200.3 | 2001 | 1594.3 |
| 1977 | 1508.7 | 2002 | 1427.9 |
| 1978 | 772.3 | 2003 | 916.7 |
| 1979 | 813 | 2004 | 1158.1 |
| 1980 | 1392.3 | 2005 | 1254.9 |
| 1981 | 1006.2 | 2006 | 1185.0 |
| 1982 | 1108.8 | 2007 | 1258.0 |
| 1983 | 1332.2 | 2008 | 1505.8 |

*175*

2. 2004~2006 年浙江省舟山地区共有 17 次台风. 台风在登陆处的降雨量数据如表 6.2 所示 (数据摘自《舟山台风灾害及东部海岛降雨量分布特征》[①]).

────────────

① 曹美兰, 俞燎霓. 舟山台风灾害及东部海岛降雨量分布特征. 浙江海洋学院学报 (自然科学版), 2010, 29(6): 579–582.

表 6.2　台风在登陆处的降雨量数据

| 年份/年 | 降雨量 | | | | | | | | |
|---|---|---|---|---|---|---|---|---|---|
| 2004 | 41.5 | 85.1 | 9.0 | 0 | 1.1 | 5.2 | 5.0 | 1.1 | 27.0 |
| 2005 | 26.8 | 495.3 | 2.0 | 316.4 | | | | | |
| 2006 | 137.6 | 6.8 | 20.5 | 6.8 | | | | | |

试根据这批数据分析舟山地区台风在登陆处降雨量的分布情况. 它与上海市年降雨量的分布有什么区别?

提示: 在数据比较少时, 点图可用来整理数据, 发现其内在数量规律性. 设有数据: 1, 4, 6, 13, 3, 24, 4, 1. 其点图如图 6.8 所示.

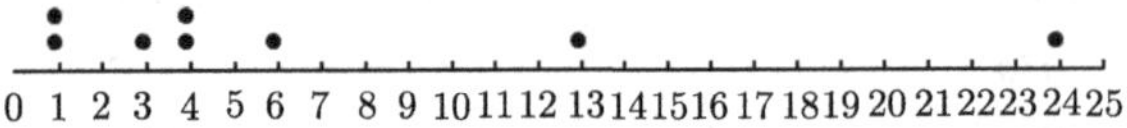

图 6.8　点图

3. 台风可以引起内陆降雨. 表 6.3 是 24h 降雨量的 36 个实际观察数据 (数据摘自《数理统计学讲义》[21] 的例 1.4). 试根据这批数据分析台风内陆降雨量的分布情况. 试把台风内陆降雨量的分布情况, 与台风在登陆处降雨量的分布情况以及上海市年降雨量的分布情况进行比较分析.

表 6.3　24h 降雨量的 36 个实际观察数据

| | | | | | | | | |
|---|---|---|---|---|---|---|---|---|
| 31.00 | 2.82 | 3.98 | 4.02 | 9.50 | 4.50 | 11.40 | 10.71 | 6.31 |
| 4.95 | 5.64 | 5.51 | 13.40 | 9.72 | 6.47 | 10.16 | 4.21 | 11.60 |
| 4.75 | 6.85 | 6.25 | 3.42 | 11.80 | 0.80 | 3.69 | 3.10 | 22.22 |
| 7.43 | 5.00 | 4.58 | 4.46 | 8.00 | 3.73 | 3.50 | 6.20 | 0.67 |

# 7 描述与建模

所谓模型广义地说指的是, 用图表、文字、数字、符号、实物以及数学表达式等, 在淡化甚至忽略了客观现象的次要因素之后, 对客观现象的本质属性的描述. 模型是对客观现象的具体描述, 并不仅局限于数学模型. 地图、玩具、工程设计图纸、城市公共交通路线图以及变量之间的函数曲线关系等都可看成是模型. 如决策树模型 (图 7.1). 它所描述的问题是, 开发还是不开发新产品, 中型扩建还是大型扩建为好的决策问题, 其中影响决策的不确定因素是市场需求. 决策树模型系统直观地描述了决策的先后顺序.

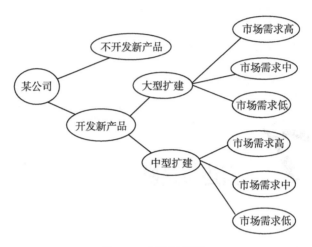

图 7.1 决策树模型

顾名思义, 顾客满意率就是在所有的顾客中满意的顾客所占的比例. 调查 $n$ 个顾客, 若有 $r$ 个顾客感到满意, 则顾客满意率就等于 $r/n$. 顾客满意率的计算很简单. 满意的顾客所占的比例有多大, 固然重要, 但若能了解顾客满意的程度, 那就更好了. 注意力从满意率发展到满意度, 不仅是产品质量管理工作, 而且是各行各业管理工作的新趋势. 所谓满意度是指顾客事后感知的结果与事前的期望之间作比较后的一种差异函数. 通常人们用下面的模型 (图 7.2) 描述顾客满意度. 这个模型中有 5 个元素: 顾客购买前对产品的期望、购买后的感受、顾客满意度、顾客忠诚和顾客抱怨. 顾客满意度模型直观形象地描述了这 5 个元素之间的关系: 顾客期望和顾

客感受是产生顾客满意度的两个前提, 顾客满意
程度的高低会导致顾客忠诚和顾客抱怨两种结
果. 顾客忠诚度是企业追求的目标, 将抱怨顾客
转变为忠诚顾客是企业的一项重要工作.

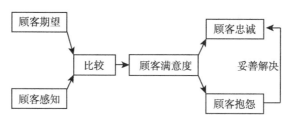

图 7.2　顾客满意度模型

# 7.1　统 计 建 模

建模是个热门词, 大到宏观经济, 小到企业
微观经济, 复杂的如生物、社会与自然现象等都
可建模. 本节仅限于统计建模. 统计建模是统计
学的重要内容. 为了在大学生中倡导学习统计、
应用统计的良好氛围, 培养学生运用统计思维、
建立统计模型解决实际问题的综合能力, 2009 年
我国成功举办了首届全国大学生统计建模大赛.
之后这项大赛每两年一届持续开展.

我们以最为常见的回归模型为例说明统计
建模日新月异的发展. 据陈希孺教授在他的著作
《数理统计学简史》[2] 中所说, "回归" 一词最
早见于 1875 年著名英国科学家高尔顿 (Francis

Galton, 1822~1911) 的豌豆种植实验. 根据实验结果高尔顿发现, 直径大的豌豆其子代的直径往往也比较大, 但直径比母代直径大的子代少, 而直径比母代直径小的子代多; 直径小的豌豆其子代的直径往往也比较小, 但直径比母代直径小的子代少, 而直径比母代直径大的子代多. 总之, 豌豆后代的直径有向中心回归的趋势. 著名英国统计学家皮尔逊 (Karl Pearson, 1856~1936) 就高尔顿的豌豆种植实验数据配了一条回归直线, 见图 7.3. 这条回归直线的斜率, 也就是回归系数约为 1/3. 回归的创新性思想出自 19 世纪下半叶高尔顿的生物学研究, 使之完善的是以皮尔逊为代表的一批学者, 他们把回归的应用领域从生物学拓广到社会与经济各个领域. 20 世纪上半叶是统计得到重大发展的时期, 其代表性成果是著名英国统计学家罗纳德·费歇尔 (Ronald Fisher, 1890~1962) 的方差分析. 由此有了协方差模型.

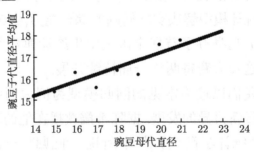

图 7.3 豌豆子代直径关于母代直径的回归

最早提出的是一元线性回归, 之后有二元, 乃至多元线性回归以及协方差模型与非线性回归. 这些回归模型都基于正态分布. 基于非正态分布的有逻辑斯蒂与对数线性回归模型. 1972 年英国统计学家 John Nelder 和 Robert Wedderburn 将这些模型拓广到广义线性模型. 随着非参数方法的发展, 参数回归模型进一步推广到非参数回归模型与半参数回归模型. 此后又进一步得到推广, 有了可加模型、单指标与多指标模型、变系数模型、半变系数模型、变系数部分线性模型、单指标部分线性模型、单指标系数模型与单指标变系数模型等. 上述这些模型与生存分析模型相结合, 又形成了很多新模型. 误差方差除了已知, 还可能未知、齐性或异方差, 数据还有可能是时间序列、面板数据、删失数据、缺损数据或有测量误差的数据. 这些不同的情况分别又形成了很多新模型. 近 250 多年来, 回归模型的发展之所以经久不衰, 不断推出新的模型, 其原因就在于它的每一步的发展推广都来源于实际问题.

181

人们钟爱统计建模, 就是因为它是解决实际问题的一个好办法. 如今计算机技术日新月异, 统计软件使用已非常普及, 有了数据之后, 很快就能算得模型的参数, 这更使得人们对建模钟爱有加, 以至于到了偏爱的程度. 这里的偏爱, 意思是说单单喜爱, 为解决一个实际问题, 想到的就是建模, 取什么, 例如正态分布, 然后马上输入数据用统计软件进行计算. 倘若这个实际问题非常成熟, 处理这类问题有丰富的经验, 那偏爱建模尚情有可原. 而如果对所有的实际问题都立即用建模的方法去处理, 那就有失偏颇, 甚至可能出错. 不要忙着建模, 而是先让数据说话. 这也就是说, 首先使用表格、图示与数值 (如均值、中位数与标准差的计算) 等方法整理数据, 从中提取有用的信息, 然后再考虑建模问题. 解决实际问题这样的一种处理方法稳妥适当留有余地. 这有点好像在你粉刷房间时, 如果对选择哪种颜色粉刷房间尚莫衷一是, 不如选择白色. 最简单的往往就是最稳妥的办法. 更何况, 能不能用通俗易懂的语言表述统计分析的结论, 是统计修养的一个重要方面, 而表格、图示与数值等方法很容易为人们, 为那些非统计专业的人们所理解接受.

## 7.2 数 据 描 述

得到了一批数据之后, 使用表格、图示与数值等方法进行整理, 从中提取有用的信息. 这个过程通常称为描述性统计. 表格、图示与数值等整理数据的方法, 是美国著名统计学家 Tukey

提出的探索性数据分析中的几个方法. 探索性
数据分析的理论与方法非常丰富, 是 Tukey 在
他 1962 年的一篇论文 *The future of data analy-sis*(见 *The Annals of Mathematical Statistics*,
33(1):1-67) 首次提出来的, 被誉为统计学中的一
种新思想、新方向. 有关探索性数据分析的详细
介绍请见《探索性数据分析》[13].

    人们通常认为描述性统计与推断性统计 (又
称数理统计) 是统计学的两个不同的领域. 推断
性统计非常强调, 认为数据是带有随机性的, 认
为数据有个随机结构. 随机结构通常理解为模
型. 它可以是个特定的模型, 例如线性回归模型;
也可以是某个特定的分布, 例如正态分布等. 当
然数据有随机性也可泛泛地认为它是个随机变
量. 推断性统计重视统计建模, 但它并不排斥使
用描述性统计的方法. 事实上, 描述性统计分析
方法也是解决实际问题的一个好办法. 用描述
性统计分析方法解决问题简洁明了且直观有效.
况且, 即使没有学过统计的人们也容易理解接受
描述性统计分析的结论. 这犹如选择白色粉刷房
间看似简单平淡, 其实这也是一种美, 一种洁净
而纯粹的美. 描述性统计分析方法看似简单浅
显, 其实不容易. 用它解决问题需要具体问题具
体分析, 需要经验积累. 这些东西需要有人教,
更需要自己感悟. 这正如人们通常所说的, 简单

的往往不仅有效, 而且不容易. 随着统计应用越来越普及, 描述性统计与推断性统计这两个领域越来越互通有无, 相辅相成, 不可分割, 融为一体.

哪一个企业职工的工资高? 这里有 22 个职工, 其中的 12 个职工来自 A 企业, 另外的 10 个职工来自 B 企业. 他们的工资如表 7.1 所示.

**表 7.1 两个企业职工的工资** (单位: 千元)

| A 企业 | 11, 12, 13, 14, 15, 16, 17, 18, 19, 20, 40, 60 |
|--------|--------------------------------------------------|
| B 企业 | 3, 4, 5, 6, 7, 8, 9, 10, 30, 50 |

显然, A 企业职工的工资高. 对于这样的两两比较问题, 很容易想到两样本的 t 检验模型. 经计算, $t = 1.282$, $p$ 值 (单尾) 为 10.7% 比较大. 由此看来, 认为 A 企业职工的工资高是没有道理的. t 检验的结论显然和数据的直观感觉不相吻合. 之所以会产生数据分析结论与直觉不一样的问题, 就是因为 t 检验要求正态分布, 而表 7.1 的数据显然不会是来自于正态分布的样本. 一般来说, 工资、收入等这类经济方面的数据不服从正态分布, 而是偏态分布. t 检验的模型用于这两个企业职工工资的比较问题显然是不恰当的. 这个虚构的例子告诉我们, 用建模的方法能否解决问题, 关键要看所建立的模型是否与事实相符或基本相符. 由此可见, 理论颇为深奥的建模其实

比较脆弱, 它有风险. 而简单浅显的描述性统计方法却是反脆弱的, 不论样本是何种类型的分布, 它都可以用来解决问题, 比较稳健. 由此看来, 我们不能偏爱统计建模, 还是先看看数据为好.

看下面比较工资收入的另一个例子 (数据摘自 *Practical Business Statistics*[22] 的 345 页和 491 页上面的表). 某企业的 26 个女职工与 24 个男职工的工资收入数据见表 7.2. 女职工抱怨, 我们的工资比男职工低, 企业歧视女性. 请问, 她们的抱怨有没有道理?

表 7.2　男女职工的工资收入　　(单位: 元)

| 男职工 | | | | 女职工 | | | |
|---|---|---|---|---|---|---|---|
| 39700 | 33700 | 33250 | 36300 | 28500 | 30650 | 31000 | 35050 |
| 31800 | 37250 | 38200 | 33950 | 22800 | 35600 | 32350 | 26900 |
| 30800 | 37750 | 32250 | 36700 | 30450 | 31350 | 38200 | 28950 |
| 38050 | 36100 | 34800 | 26550 | 34100 | 32900 | 30150 | 31300 |
| 32750 | 39200 | 38800 | 41000 | 33550 | 31350 | 27350 | 35700 |
| 29900 | 40400 | 37400 | 35500 | 25200 | 35900 | 32050 | 35200 |
| | | | | 26550 | 30450 | | |

首先使用描述性统计的方法分析这个问题. 计算样本均值与标准差, 计算结果见表 7.3. 样本标准差相差不大, 样本均值相差较大. 需解决的问题是, 女职工工资收入的样本均值比男职工的小, 是否小到可以认为女职工的抱怨是有道理的程度.

**表 7.3　样本均值与标准差**

|  | 男职工 | 女职工 |
|---|---|---|
| 样本容量 | 24 | 26 |
| 样本均值 | 35504.17 | 31290.38 |
| 样本标准差 | 3617.65 | 3669.61 |

接下来用图示法. 由于样本容量不是很多, 故画茎叶图. 男女职工收入样本数据的茎叶图分别在图 7.4 的左边与右边. 他们的茎叶图分别都基本上是对称的, 男职工茎叶图的对称程度不如女职工的. 这两个茎叶图基本上有上下平行移动的趋势. 把男职工的茎叶图往下向小的一头平行移动基本上就是女职工的茎叶图.

既然男职工的茎叶图往下向小的一头平行移动基本上就是女职工的茎叶图. 这也就意味着, 男职工工资比女职工高. 茎叶图实际上是排序, 由小到大排列. 图 7.4 的茎叶图将万位与千位相同的数看成是同一条茎上的叶. 事实上, 我们也可以不分茎与叶, 将男女共 50 个职工合在一起, 直接按工资由低到高地排序, 见表 7.4. 显然, 男职工排列在女职工的后面. 由表 7.4 的排序人们一目了然地看到, 男职工工资的确比女职工高, 女职工的抱怨很有道理. 表 7.4 中括号里的两个职工的工资相等, 例如 (3 4)(女男) 这一对的意思是说这两个男女职工工资相等, 并列排在第 3 与 4 位上.

| 频数 | 男职工 | | | 茎 | 女职工 | | | | | 频数 |
|---|---|---|---|---|---|---|---|---|---|---|
| 1 | | | 000 | 41 | | | | | | 0 |
| 1 | | | 400 | 40 | | | | | | 0 |
| 2 | | 700 | 200 | 39 | | | | | | 0 |
| 3 | 800 | 200 | 050 | 38 | 200 | | | | | 1 |
| 3 | 750 | 400 | 250 | 37 | | | | | | 0 |
| 3 | 700 | 300 | 100 | 36 | | | | | | 0 |
| 1 | | | 500 | 35 | 050 | 200 | 600 | 700 | 900 | 5 |
| 1 | | | 800 | 34 | 100 | | | | | 1 |
| 3 | 950 | 700 | 250 | 33 | 550 | | | | | 1 |
| 2 | | 750 | 250 | 32 | 050 | 350 | 900 | | | 3 |
| 1 | | | 800 | 31 | 000 | 300 | 350 | 350 | | 4 |
| 1 | | | 800 | 30 | 150 | 450 | 450 | 650 | | 4 |
| 1 | | | 900 | 29 | | | | | | 0 |
| 0 | | | | 28 | 500 | 950 | | | | 2 |
| 0 | | | | 27 | 350 | | | | | 1 |
| 1 | | | 550 | 26 | 550 | 900 | | | | 2 |
| 0 | | | | 25 | 200 | | | | | 1 |
| 0 | | | | 24 | | | | | | 0 |
| 0 | | | | 23 | | | | | | 0 |
| 0 | | | | 22 | 800 | | | | | 1 |

图 7.4 男女职工工资收入数据的茎叶图

**表 7.4 男女职工合在一起按工资收入由低到高排序**

| 序 | 1 | 2 | (3 4) | 5 | 6 | 7 | 8 | 9 | 10 | 11 | 12 | 13 |
|---|---|---|---|---|---|---|---|---|---|---|---|---|
| 职工 | 女 | 女 | (女男) | 女 | 女 | 女 | 女 | 男 | 女 | 女 | 女 | 女 |

| 序 | 14 | 15 | 16 | (17 18) | 19 | 20 | 21 | 22 | 23 | 24 | 25 | 26 |
|---|---|---|---|---|---|---|---|---|---|---|---|---|
| 职工 | 男 | 女 | 女 | (女女) | 男 | 女 | 男 | 女 | 男 | 女 | 男 | 女 |

| 序 | 27 | 28 | 29 | 30 | 31 | 32 | 33 | 34 | 35 | 36 | 37 | 38 | 39 |
|---|---|---|---|---|---|---|---|---|---|---|---|---|---|
| 职工 | 男 | 男 | 女 | 男 | 女 | 女 | 男 | 女 | 女 | 男 | 男 | 男 |

| 序 | 40 | 41 | 42 | 43 | (44 45) | 46 | 47 | 48 | 49 | 50 |
|---|---|---|---|---|---|---|---|---|---|---|
| 职工 | 男 | 男 | 男 | 男 | (女男) | 男 | 男 | 男 | 男 | 男 |

除了用排序的方法说明女职工的抱怨很有道理, 还可使用列表的方法. 两两比较的问题通常使用交叉表. 最简单的交叉表是四格表. 所谓四格表就是将全体 50 个职工按男女以及工资高低分组, 共分成四组. 然后统计每一组的职工人数.

通常以平均水平为界, 过了这个界称为高工资, 在界下面的称为低工资. 分组计数问题往往用中位数作为平均水平. 将男女 50 个职工按工资由低到高排序, 这 50 个职工的中位数就是序25 与 26 的这两个职工工资的平均. 序 25 的这个职工工资为 33250, 序 26 的这个职工工资为33550, 因而中位数为

$$\frac{33250 + 33550}{2} = 33400$$

显然, 在这 50 个职工中工资高于与低于中位数 33400 的职工人数都是 25. 正因为超过与低于中位数的个数一样多, 中位数意即中间位置. 中位数可视为平均水平. 究竟用平均数, 还是用中位数作为平均水平, 这要具体问题具体分析, 不能一概而论.

我们系的一位在咨询公司工作的毕业学生曾说, 解决实际问题时四格表用得非常多, 因为用它揭示两个量, 例如工资与性别的相关关系简单明了, 直观且容易理解. 这 50 个职工按男女

以及工资高低分组得到的四格表见表 7.5. 在 24
个男职工中只有 7 个低工资, 比例仅为 29.2%.
而在 26 个女职工中却有 18 个低工资, 比例高达
69.2%. 人们根据四格表很容易理解女职工为什
么要抱怨工资低.

**表 7.5  四格表**

|  | 工资少于 33400 | 工资高于 33400 | 合计 |
|---|---|---|---|
| 男职工 | 7 | 17 | 24 |
| 女职工 | 18 | 8 | 26 |
| 合计 | 25 | 25 | 50 |

由排序以及列表, 尤其列四格表很容易看出
问题, 女职工的工资的确低. 这些方法的进一步
发展, 那就是著名的非参数统计分析中的 Wicox-
on 秩和检验以及中位数检验. 非参数统计分析
的详细介绍可参阅《非参数统计分析》[11].

听了女职工的抱怨后, 男职工反驳说, 企业
没有歧视女性. 我们的工资为什么比女职工高,
那是因为我们的工龄比她们长. 男女职工工龄
见表 7.6. 由表 7.6 不难看到, 男职工的工龄的
确比女职工长.

听了男职工的反驳后, 女职工认为这并不能
说明没有性别歧视. 她们说男职工的工资为什么
比我们高, 除了可能与男职工工龄比我们长有关
之外, 还可能与性别歧视有关. 为此收集男女职

工的工资收入和工龄的汇总数据, 见表 7.7. 对
这样的问题很容易想到建立协方差模型:

$$工资 = \mu + \alpha_i + \gamma \cdot 工龄 + 误差 \quad (i = 1, 2)$$

表 7.6　男女职工工龄

| 男职工的工龄/年 | | | | | | 女职工的工龄/年 | | | | | |
|---|---|---|---|---|---|---|---|---|---|---|---|
| 16 | 25 | 15 | 33 | 16 | 19 | 2 | 2 | 3 | 16 | 0 | 29 |
| 32 | 34 | 1 | 44 | 7 | 14 | 3 | 0 | 1 | 2 | 21 | 0 |
| 33 | 19 | 24 | 3 | 17 | 19 | 8 | 11 | 5 | 11 | 18 | 2 |
| 21 | 31 | 6 | 35 | 20 | 23 | 0 | 19 | 0 | 15 | 0 | 20 |
| | | | | | | 0 | 4 | | | | |

表 7.7　男女职工的工资收入和工龄

| 男职工 | | | | 女职工 | | | |
|---|---|---|---|---|---|---|---|
| 工资/元 | 工龄/年 | 工资/元 | 工龄/年 | 工资/元 | 工龄/年 | 工资/元 | 工龄/年 |
| 39700 | 16 | 33700 | 25 | 28500 | 2 | 30650 | 2 |
| 33250 | 15 | 36300 | 33 | 31000 | 3 | 35050 | 16 |
| 31800 | 16 | 37250 | 19 | 22800 | 0 | 35600 | 29 |
| 38200 | 32 | 33950 | 34 | 32350 | 3 | 26900 | 0 |
| 30800 | 1 | 37750 | 44 | 30450 | 1 | 31350 | 2 |
| 32250 | 7 | 36700 | 14 | 38200 | 21 | 28950 | 0 |
| 38050 | 33 | 36100 | 19 | 34100 | 8 | 32900 | 11 |
| 34800 | 24 | 26550 | 3 | 30150 | 5 | 31300 | 11 |
| 32750 | 17 | 39200 | 19 | 33550 | 18 | 31350 | 2 |
| 38800 | 21 | 41000 | 31 | 27350 | 0 | 35700 | 19 |
| 29900 | 6 | 40400 | 35 | 25200 | 0 | 35900 | 15 |
| 37400 | 20 | 35500 | 23 | 32050 | 4 | 35200 | 20 |
| | | | | 26550 | 0 | 30450 | 0 |

其中, $\mu$ 是总的平均, $\alpha_1$ 是男职工的效应, $\alpha_2$ 是

女职工的效应, $\alpha_1 + \alpha_2 = 0$. 有没有歧视女职工, 就看 $\alpha_1 = 0$ 成立 (则必有 $\alpha_2 = 0$), 还是 $\alpha_1 > 0$ 成立 (则必有 $\alpha_2 = -\alpha_1 < 0$). 这个协方差模型可看成为二元线性模型:

$$z = \beta_0 + \beta_1 y + \beta_2 x + \varepsilon$$

$y$ 是属性变量, $y = 0$ 表示女职工, $y = 1$ 表示男职工, $z$、$x$ 与 $\varepsilon$ 分别表示工资、工龄与误差. 有还是没有歧视女职工, 就看 $\beta_1 > 0$, 还是 $\beta_1 = 0$. 把协方差模型看成二元线性模型, 就能方便地使用统计软件得到其解.

协方差模型蕴含着这样一个要求, 不论男职工还是女职工, 工资与工龄有同样的相关关系, 随着工龄的增加, 工资增长的趋势与性别没有关系. 这也就是说, 工资与性别没有交互作用. 因而在建立协方差模型之前, 必须验证这个没有交互作用的要求是否得到满足. 倘若不满足这个要求, 那就不能建立协方差模型, 必须考虑工龄与性别的交互作用, 建立这样的模型:

$$z = \beta_0 + \beta_1 y + \beta_2 x + \beta_3 xy + \varepsilon$$

由于其中的 $y$ 是属性变量, $y = 0$ 表示女职工, $y = 1$ 表示男职工, 所以它实际上是男女职工分别建立工资与工龄的线性模型:

女职工 $\quad z = \beta_{01} + \beta_{11} x + \varepsilon$

191

男职工 　$z = \beta_{02} + \beta_{12}x + \varepsilon$

比较 $\beta_{11}$ 与 $\beta_{12}$ 的大小, 就可知道是女职工工资增长的趋势快, 还是男职工工资增长的趋势快. 由此可见, 建立协方差模型务必记住, 注意分析工资增长的趋势是否与性别有关系. 倘若它们之间有关系, 如男职工工资增长的趋势快, 或女职工工资增长的趋势快, 而我们贸然建立工资增长趋势与性别没有关系的协方差模型, 统计分析的结论怎么可能不出错.

　　能否建立协方差模型, 通常是用图示方法来进行判断. 男女职工的工资与工龄的散点图见图 7.5. 横轴是工龄, 纵轴是工资, 中间空的斜正方形表示女职工, 实正方形表示男职工. 图 7.5 告诉我们随着工龄的增加男女职工工资增长的趋势基本相同, 可以建立协方差模型. 协方差模型的计算, 可使用 Excel, 点击 "数据"(data), "数据分析"(data analysis), "回归"(regression). 经检验, 性别属性变量 $y$ 前面的系数 $\beta_1$ 等于 0, 这说明企业并没有歧视女性. 建立的协方差模型为

$$工资 = 29353 + 283.26 \cdot 工龄 + 误差$$

这个协方差模型的回归直线见图 7.5, 它的意思是说, 不论男职工, 还是女职工, 工龄每增加一年, 工资平均增加 283.26 元.

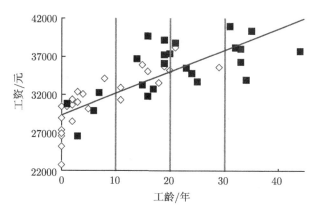

图 7.5　男女职工的工资与工龄散点图

对于表 7.7 的数据, 除了协方差模型, 我们还可以通过比较同样工龄的男女职工的工资来说明有没有性别歧视. 由于我们一共只有 50 个职工, 男女职工有同样工龄的不多, 甚至没有. 既然无法比较同样工龄的男女职工的工资, 则退而求其次, 比较工龄相差不多的男女职工的工资. 将工龄每 10 年分段, 共划分为四段 (图 7.5): 工龄不足 10 年; 10 ~ 20 年, 20 ~ 30 年; 超过 30 年. 最低的第 1 段工龄不足 10 年的女职工有 17 人, 在 26 个女职工中的比例达到 65.4%. 而男职工只有 4 人, 在 24 个男职工中的比例仅为 16.7%. 图 7.5 告诉我们第 1 段里的男女职工, 他们的工资相差不大, 都比较低. 最高的第 4 段没有女职工, 7 个全都是男职工. 这些男职工的工资都比较高. 工龄在 10 与 20 年之间的第 2 段, 男女职工的人数差不多, 分别有 9 人与 7 人. 由图 7.5 知, 第 2 段里的男女职工工资相差不大, 男的工资稍高一些. 工龄在 20 与 30 年之间的第 3 段, 男女职工分别有 4 人与 2 人. 看图 7.5, 第 3 段的男女职工的工资相差不大. 图示方法的分析非常直观, 容易看出工龄相差不多的男女职工的工资基本上没有差别. 此外, 用分段计算样本均值列表的方法也容易看出这个结果. 表 7.8 是全部以及按工龄分段的样本均值. 全部样本男女职工的均值之差大于 4000, 但按工龄分段的男女职工的均值之差就小得多. 由此看来, 工龄相差不多的男女职工工资没有太大的差异.

**表 7.8　全部以及按工龄分段的职工工资的均值**

| 组别 | | 男职工 | 女职工 | 均值之差 |
|---|---|---|---|---|
| 全体职工 | 容量 | 24 | 26 | 4213.62 |
| | 均值 | 35504.17 | 31290.38 | |
| 工龄不足 10 年的职工 | 容量 | 4 | 17 | 454.41 |
| | 均值 | 29875 | 29420.59 | |
| 工龄 10~20 年的职工 | 容量 | 9 | 7 | 1798.1 |
| | 均值 | 36026.67 | 34228.57 | |
| 工龄 20~30 年的职工 | 容量 | 4 | 2 | −1200 |
| | 均值 | 35700 | 36900 | |
| 工龄超过 30 年的职工 | 容量 | 7 | 0 | — |
| | 均值 | 37950 | — | |

至此, 人们很可能有这样的疑问, 为什么女

职工工龄短的多, 工龄长的少？女职工是否因为
上升空间不如男职工, 到了一定工龄她们大多辞
职了？或到了一定工龄之后女职工是否大多被公
司解雇了？总之, 女职工工龄短的原因值得进一
步探讨, 这里面有没有性别歧视？这些问题的研
究需要收集新的相关数据.

　　统计建模是解决实际问题的一个好办法. 它
使得人们的认识, 从特殊到一般, 从具体到抽象,
更加科学、准确, 得出更加广泛而深刻的结论.
但人们切勿偏爱它. 重要的是先让数据说话, 使
用表格、图示与数值等描述性统计分析方法整理
数据, 从中提取有用的信息, 然后建立合适的模
型. 此外, 描述性统计分析方法也是解决实际问
题的一个好办法. 用描述性统计分析方法解决
问题简单明了, 容易为人们理解接受.

## 7.3　模 型 诊 断

　　统计建模是解决实际问题的一个好办法. 除
了事先要让数据说话, 看看建立哪个模型比较合
适. 事后还需要让数据说话, 对所建立的统计模
型进行诊断. 下面仅以线性回归为例对统计诊断
做简要介绍. 线性回归诊断详细介绍见《应用线
性回归》[23].

　　散点图 7.6 和图 7.7 分别都有一个异常的观

*195*

察值, 这两个异常值有所不同. 仔细看图 7.7 的异常值, 你就会发现, 右边这个异常观察值的影响力非常大. 去掉这个异常观察值, 根据剩下的观察值求得的回归直线方程的方向向上. 倘若不去掉它, 根据所有的观察值求得的回归直线方程的方向就向下了. 这说明图 7.7 右边的这个观察值的影响力之巨大. 这种类型的异常观察值称为是强影响力观察值. 强影响力观察值的自变量 (或因变量) 往往与众不同, 比较大或比较小. 因而人们通常怀疑变量取极端值的观察值可能是强影响力观察值. 异常值 (图 7.6) 与强影响力观察值 (图 7.7) 都不要轻易的删除. 它们很可能会给我们提供有用的信息. 当然如图 7.6 和图 7.7 那样有着明显的异常值和强影响力观察值的理想化的散点图是不多见的, 实际问题远没有这么清楚. 除散点图, 残差分析也是诊断有没有异常值以及有没有强影响力观察值的有力工具. 当

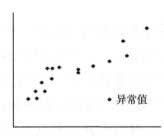

图 7.6  异常值

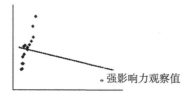

图 7.7　强影响力观察值

然, 诊断有没有异常值以及有没有强影响力观察值, 还需要依靠人的经验、判断能力和对实际问题的背景理解.

　　除了诊断有没有异常值以及有没有强影响力观察值, 回归诊断的内容还包括模型的诊断. 对线性回归模型来说, 诊断是常数方差还是非常数方差, 正态性假设是否成立, 线性假设是否成立, 是否需要变换响应变量, 是否需要变换自变量等. 诊断模型, 常用的方法有画散点图与残差分析. 统计诊断是 20 世纪 70 年代中期发展起来的统计学领域的一个新的研究方向.《统计诊断》[24] 系统介绍了统计诊断的基本原理、方法和应用.

**197**

## 思 考 题 七

　　1. 用调羹舀取黄豆. 有一种说法, 有的人总是舀得比较多, 而有的人总是舀得比较少. 为验证这种说法是否正确, 要求 20 个同学用调羹舀取黄豆, 表 7.9 是他们第 1 次和第 2 次舀取黄豆的粒数. 表 7.9 的观察值是否与这种说法相吻合?

表 7.9　用调羹舀取黄豆

| 第1次舀取的黄豆数 | 第2次舀取的黄豆数 | 第1次舀取的黄豆数 | 第2次舀取的黄豆数 | 第1次舀取的黄豆数 | 第2次舀取的黄豆数 | 第1次舀取的黄豆数 | 第2次舀取的黄豆数 |
|---|---|---|---|---|---|---|---|
| 130 | 129 | 127 | 130 | 129 | 127 | 130 | 130 |
| 131 | 128 | 127 | 127 | 129 | 131 | 127 | 128 |
| 127 | 130 | 129 | 128 | 130 | 129 | 127 | 129 |
| 129 | 131 | 129 | 126 | 128 | 121 | 129 | 130 |
| 130 | 130 | 127 | 129 | 130 | 129 | 130 | 129 |

2. 本章讨论的男女职工工资 (数据见表 7.2) 的比较问题, 除了用表 7.5 那样的四格表, 还可以用交叉分组列表进行更加详细深入的讨论. 请将 26 位女职工和 24 位男职工的工资收入分组列表表示在表 7.10 中.

表 7.10　男女职工工资的交叉分组列表

| 工资/元 | 女职工人数/人 | 男职工人数/人 |
|---|---|---|
| 22500~25000 | | |
| 25000~27500 | | |
| 27500~30000 | | |
| 30000~32500 | | |
| 32500~35000 | | |
| 35000~37500 | | |
| 37500~40000 | | |
| 40000~42500 | | |
| 合计 | 26 | 24 |

3. 有这么多的产品需要修理或作为废品被扔掉, 大家感到很不安. 有的人说, 是材料问题. 倘若我们使用密度比较大的材料, 不合格率肯定能降下来. 也有人

说, 晚班工人的生产经验不如早班工人, 所以晚班产品的不合格率高于早班. 为验证这些说法是否准确, 工厂收集了早晚班各 15 组的材料密度与不合格率 (1000 件产品中的不合格产品的平均数) 数据, 见表 7.11.

(1) 使用密度比较大的材料, 不合格率是否能降下来?

(2) 晚班产品的不合格率是否高于早班?

(3) 能否使用协方差模型, 分析表 7.11 的数据?

表 7.11 早晚班, 材料密度与不合格率

| 早班 | | 晚班 | |
|---|---|---|---|
| 材料密度 | 不合格率 | 材料密度 | 不合格率 |
| 32.08 | 0.2 | 22.53 | 55.7 |
| 21.14 | 47.9 | 27.43 | 17 |
| 20.65 | 50.9 | 25.42 | 21.6 |
| 27.89 | 5.5 | 19.45 | 64.7 |
| 23.34 | 37.4 | 23.17 | 40.5 |
| 23.97 | 27.8 | 22.7 | 51 |
| 27.49 | 6.6 | 21.58 | 48.2 |
| 24.07 | 31.5 | 26.3 | 19.4 |
| 24.38 | 23.4 | 32.19 | 6 |
| 25.73 | 20.6 | 24.85 | 43.6 |
| 25.18 | 15.9 | 30.01 | 8.2 |
| 23.74 | 44.4 | 29.42 | 7.5 |
| 22.5 | 55.4 | 30.7 | 8.8 |
| 23.47 | 36.7 | 22.3 | 66.8 |
| 26.51 | 24.5 | 28.47 | 16.5 |

*199*

# 8 回顾、前瞻与随机分组双盲

疾病的危险因素意思是说, 当这种危险因素存在时该疾病发生的可能性增加, 而适当对其干预后可能会减少疾病发生的可能性. 当然, 有些危险因素是无法对其进行干预的, 如性别、年龄等. 根据卫生部卫生统计信息中心和全国肿瘤防治研究办公室联合对肺癌发病所进行调查的统计分析, 发现肺癌的主要危险因素有以下 7 个: 吸烟、新鲜蔬菜摄入少、呼吸系统疾病史、体质指数低、心理因素、厨房油烟与大气污染. 在被调查的京沪等 8 个城市中, 90% 左右的肺癌发病可用这些因素解释. 这 7 大类危险因素告诉我们该如何预防肺癌. 人们对此不禁要问, 这些危险因素究竟是怎样发现的呢? 它们往往首先是通过回顾性调查发现的.

## 8.1　回顾性调查

　　吸烟的恶果之所以会引起人们严重的关切,最早是由于对肺癌患者吸烟情况的观察. 1927年英国医生泰勒歌德博士说,他所看到的肺癌患者几乎都是吸烟的. 随着很多医生关于肺癌患者吸烟情况报道资料的不断积累,人们越来越感到有必要对吸烟恶果问题进行科学研究.这类观察研究其实就是回顾性调查. 医生对肺癌患者的吸烟情况的调查所得,与非肺癌患者的吸烟情况进行比较. 表 8.1 的四格表是肺癌的一个回顾性调查数据 (调查数据来自《定性资料的统计分析》[25] 的第 4 页例 2.1).

表 8.1　对肺癌患者和对照组的调查结果

| 组别 | 吸烟 | 不吸烟 | 吸烟比例/% |
|---|---|---|---|
| 肺癌患者 | 60 | 3 | 95.2 |
| 对照组 | 32 | 11 | 74.4 |

　　表 8.1 的含义是, 调查了 63 个肺癌病例,并作为对照调查了 43 个与肺癌患者年龄、性别和其他属性相类似的健康人. 分别调查这两组人的吸烟情况. 由调查结果算得肺癌患者中吸烟的比例为 95.2%. 它比对照组中吸烟的比例 74.4%高得多. 调查的肺癌病人中吸烟的比例高, 调查的

健康人中吸烟的比例低, 难道据此就能说, 在总
体中肺癌病人吸烟的比例比健康人的高? 我们可
用统计假设检验的方法回答这个问题. 统计假设
检验显示, 根据这项回顾性调查可以认为, 在总
体中肺癌患者吸烟的比例比健康人中吸烟的比
例显著得高. 看来吸烟是肺癌的危险因素. 市场
调查 (如有没有购买某商品等)、社会调查 (如上
班花多长时间等) 一般来说也是回顾性的.

正如回顾性调查所说的, 如果吸烟是患肺癌
的危险因素, 那早就该禁止吸烟了, 其实不然. 这
是因为 20 世纪 50 年代之前在很多人的日常生
活中香烟深受欢迎不可一日分离, 并且烟草工业
是很多国家与地区的工农业经济命脉, 与之相关
的, 例如运输业、商业、广告业等又为成千上万
的劳动力提供了就业机会. 例如, 2002 年 3 月
11 日《21 世纪经济报道》有一篇文章说, 中国目

前财政收入的 10% 以上来自烟草业, 1 亿人的收入和生活与烟草直接关联. 为此人们感到, 倘若轻率地禁止吸烟, 那就干预了人们的私生活, 扰乱了国民经济, 从而造成巨大的损失. 正因为大家看到禁烟一旦有误将有严重的后果, 所以总有人, 特别是烟草公司, 对吸烟影响人体健康的研究方法的科学性提出异议, 一直有争论. 学术争论是好事, 当然争论双方必须心平气和, 畅所欲言. 争论的结果就会离真理越来越近. 是否要禁止吸烟的争论, 最后的结果不仅是大家在禁烟这个问题上达到共识, 同时为研究这个问题而引起的科学方法论的争辩提高了人类研究公害问题的科技水平.

　　表 8.1 的调查, 实际上就是要求这两组人, 肺癌患者与对照顾组 (健康人) 对自己的吸烟情况进行回顾. 正因为如此, 所以人们通常会质疑回顾性研究, 质疑他有这样一个缺憾, 也就是所谓的 "霍桑效应". 统计调查中的霍桑效应指的是, 被调查者, 例如病人在回顾自己的情况时, 尤其当有家属在场时, 有可能会掩饰某些情况. 它还指的是病人或病人家属可能言过其实, 夸大或掩饰他们认为病人不好的生活习惯. 在统计调查时应仔细区分有没有霍桑效应. 对肺癌患者和非肺癌患者进行的回顾性调查, 尤其是对肺癌患者的回顾性调查, 由于这是在人们发病或死亡之

后才去调查的, 因而难免有人会夸大肺癌患者的
吸烟情况. 除了肺癌这类疾病危险因素的调查,
在市场与社会等调查中, 也可能有 "霍桑效应".
例如流行低俗杂志与经典高雅杂志的调查, 调查
结果是人们倾向于阅读经典高雅杂志, 而实际上
流行低俗杂志的销量比经典高雅杂志多. 其原
因就在于不少人碍于面子羞于述说自己在看流
行低俗杂志.

回顾性调查醒目地告诉我们肺癌患者中吸
烟的比例很高, 但吸烟者很自然地会反问道, 为
什么有很多吸烟的人没有患有肺癌. 看来, 除了
观察肺癌患者中吸烟的比例, 还得研究吸烟人群
中患肺癌的可能性有多大. 而这是回顾性调查所
不能回答的问题, 这是它除了霍桑效应之外的另
一个缺憾. 人们通常也会这样质疑回顾性调查.
由于调查是在 63 个肺癌患者与 43 个健康人中
分别调查有多少人患肺癌, 所以 63 个肺癌患者
中吸烟的比例与对照组 43 人中吸烟的比例, 这
两项计算是有意义的. 但如果据此计算:

吸烟的人群中肺癌患者的比例为

$$\frac{60}{60+32} \times 100\% = 65.2\%$$

不吸烟的人群中肺癌患者的比例为

$$\frac{3}{3+11} \times 100\% = 21.4\%$$

这两项计算就没有什么意义了. 想要知道吸烟与不吸烟的人群中肺癌患者的比例, 那就需要进行前瞻性调查.

## 8.2　前瞻性调查

前瞻性调查研究就是选定研究对象, 在预定的条件下, 按预定的调查研究方式, 对研究对象做持续追踪动态的调查研究, 最后做出评估. 医学调查, 例如药物治疗效果, 又如吸烟后果那样的疾病危险因素的研究, 常采用前瞻性调查研究方法.

除已注明出处的之外, 本书有关吸烟的内容大多摘自《统计学应用指南》[14] 的第一部分 (生物的世界) 的第二节 (疾病与死亡) 的第一篇文章 (统计学、科学方法与抽烟).

**205**

20 世纪 50 年代有两项吸烟危害人体健康的前瞻性跟踪调查研究. 第一项是两位英国医生发放了 6 万多份调查表, 回收 4 万多份. 然后由国家人口登记处了解数年之后这些人的健康与存活情况. 研究结果表明吸烟者患肺癌的比例比不吸烟的大得多. 严重吸烟者的年死亡率是 1.66%, 是忌烟者 0.07% 的 24 倍. 更为重要的, 前瞻性调查研究显示, 吸烟者死亡除了患肺癌, 还有比较多的是患心脏病等心血管疾病. 显然, 回顾性调查研究是看不到吸烟对心血管的影响的. 而前瞻性调查通过对吸烟者死亡原因的统计分析, 就可推测出吸烟不仅是肺癌, 而且也是心血管疾病的危险因素. 第二项前瞻性调查是两位美国统计学家得到 2.2 万妇女的协助. 每个妇女挑选 10 个 50~60 岁的健康男性, 并每年汇报各个男性的身体情况. 4 年之中大约 20 万名男性中有 1.2 万人死亡. 他们的研究证实了上述两位英国医生的研究发现, 严重吸烟者的肺癌患病率是忌烟者的 23.4 倍, 而且心脏和血液系统的患病率中, 严重吸烟者是忌烟者的 1.57 倍. 他们的研究也表明, 吸烟者的很多死亡是因患心血管疾病所致.

被动吸烟, 俗称吸二手烟, 对人体也有危害. 美国医学杂志 *Circulation* 2015 年 3 月发布的前瞻性调查研究报告显示: 孩子在成长过程中经常被动地吸入二手烟, 日后患心脏病的概率比正常孩子将增加 4 倍, 即使父母能够控制自己在孩子面前吸烟的次数, 孩子长大后患心脏病的机会也将比正常孩子增加 2 倍. 报告说: 人们在吸入二手烟后, 血液中会存留丁宁. 研究人员经过 6 年的跟踪调查后发现: 经常吸入二手烟的儿童在成年后, 他们的血液中会积存较高水平的丁宁和颈动脉斑块, 而这些都是导致心脏病的诱因.

下面以冠心病危险因素的调查为例, 进一步介绍回顾性与前瞻性调查. 所谓冠心病就是冠状动脉血管发生动脉粥样硬化病变而引起血管腔内狭窄或阻塞, 造成心肌缺血、缺氧或坏死而导致的心脏病. 1950 年美国心理学家弗瑞德曼观察研究了大量的冠心病人. 他发现可以用 4 个单词来概括大多数冠心病人的性格特性: 易恼火 (aggravation)、激动 (irritation)、发怒 (anger) 和急躁 (impatience). 这 4 个英文单词的首位字母为 AIAI, 其中有两个 A 字. 弗瑞德曼便把有这 4 个特性的称为 "A 型性格". 人们把与 A 型性格相反的, 个性随和, 生活较为悠闲, 对工作要求较为宽松, 对成败得失看得较为淡泊的等称为 "B 型性格". 介于 "A 型性格" 与 "B 型性格" 之间的称为 "AB 混合型 (又称中间型) 性格". 性格特点与冠心病之间究竟有着什么样的关系, 人们就此展开了研究. 有一项回顾性研究报道说, 在 257 名冠心病患者中, 有 A 型性格 178 人, B 型性格 79 人; 517 名非冠心病患者中, A 型性格 243 人, B 型性格 274 人. 冠心病患者与非冠心病患者中 A 型性格的比例分别为:

冠心病患者 A 型性格的比例

$$\frac{178}{257} \times 100\% = 69.3\%;$$

非冠心病患者 A 型性格的比例

$$\frac{243}{517} \times 100\% = 47.0\%.$$

统计检验显示, 冠心病患者 A 型性格的比例比非冠心病患者的高. 显然, 根据如此的回顾性调查, 得不到 A、B 型性格中冠心病患者与非冠心病患者有多大比例的信息.

这项回顾性调查的数据可汇总成表 8.2 那样的四格表. 是在右边单侧, 冠心病患者 257 名, 非冠心病患者 517 名给定的条件下实施回顾性调查的.

表 8.2　　在冠心病与非冠心病患者中的调查结果

| 组别 | A 型性格 | B 型性格 | 合计 |
|---|---|---|---|
| 冠心病患者 | 178 | 79 | 257 |
| 非冠心病患者 | 243 | 274 | 517 |
| 合计 | 421 | 353 | 774 |

除了在右边单侧, 也就是冠心病患者与非冠心病患者人数都给定的条件下做回顾性调查, 也可以在下边单侧给定, 也就是在 A 型性格与 B 型性格的人群中做回顾性调查. 根据这样的调查, 经计算得到的 A、B 型性格中冠心病患者与非冠心病患者的比例才都是有意义的, 但得不到冠心病患者与非冠心病患者中 A、B 型性格有多大比例的信息. 此外还可以总的人数给定或随机地, 例如, 上海市对总的 3361 人的性格类型与是否患冠心病做回顾性调查. 根据总的回顾性调查数据, 计算冠心病患者与非冠心病患者中

A、B 型性格的比例以及计算 A、B 型性格中
冠心病患者与非冠心病患者的比例就都是有意
义的. 上海这项全面调查表明, A 型性格冠心病
患病率为 9.76%, 明显高于 B 型性格的 3.81%;
在冠心病患者中, A 型性格与 B 型性格的比为
3.12:1. 根据报道中给出的数据, 算得四格表 8.3
中的数据.

表 8.3  调查总人数给定后或随机的回顾性调查结果

| 组别 | A 型性格 | B 型性格 | 合计 |
|---|---|---|---|
| 冠心病患者 | 180 | 58 | 238 |
| 非冠心病患者 | 1666 | 1457 | 3123 |
| 合计 | 1846 | 1515 | 3361 |

209

表 8.3 与表 8.2 的形式看上去完全相同. 但
实际上这两个回顾性调查有很大的不同. 表 8.2
是在右边单侧, 冠心病患者 257 名, 非冠心病患
者 517 名给定的条件下实施回顾性调查的. 而
表 8.3 是在调查总人数 3361 人给定后或随机地
实施回顾性调查的. 根据表 8.2 的数据计算冠
心病患者与非冠心病患者中 A、B 型性格的比
例, 这两项计算都有意义. 但如果计算 A、B 型
性格中冠心病患者与非冠心病患者的比例, 则就
没有什么意义了. 而根据表 8.3 的数据计算冠心
病患者与非冠心病患者中 A、B 型性格的比例
以及计算 A、B 型性格中冠心病患者与非冠心

病患者的比例就都是有意义的. 至于 A、B 型性格的人一段时间内, 例如若干年后患冠心病的可能性有多大, 我们是无法根据表 8.3 的数据算得的. 这就需要前瞻性调查研究. 有一项前瞻性研究报道说, 美国成立了协作组, 从 1960 年开始, 对 3154 名健康男人进行了 8 年的跟踪随访调查研究. 可惜报告没有给出具体数据, 我们无法算得 A、B 型性格的人 8 年之后患冠心病的可能性各有多大. 但报道说 1978 年美国心肺血液研究所正式确认 "A 型性格" 是引起冠心病的危险因素之一. 这个正式确认与 1960 年的这项跟踪 8 年的前瞻性调查研究有关. 当然还与病理学研究有关. 研究发现暴躁易怒的 A 型人的血与尿中含有过量的 "去甲肾上腺素", 表明 A 型性格的人交感神经张力过高, 体内这些过多的去甲肾上腺素作用于心血管和其他器官细胞膜上的相应受体, 就会导致心跳加快、耗氧量增加、凝血机制失调和血栓形成, 进而发生冠状动脉痉挛、心肌缺血心绞痛、心肌梗死、心律失常甚至猝死. 此外, 这项前瞻性研究还发现 A 型性格也是高血压发病的一个重要因素.

目前已基本确认 A 型性格是冠心病的重要危险因素之一. A 型性格的人大可不必 "杞人忧天". 人有自我认知和自我控制能力, 完全有可能改变性格习惯和个性, 使自己的生理、心理状态与周围环境相容和协调, 从而预防多种心身疾病. 这就是近几年出现的 "行为疗法" 的理论根据.

## 8.3  费歇尔的设想

20 世纪五六十年代进行的一系列前瞻性研究都说明吸烟危害人体健康, 它是心血管疾病与肺癌等的危险因素. 看来戒烟势在必行. 让烟草公司与吸烟者感到宽慰的是, 不断有人提出异议. 这些前瞻性调查研究有一个明显的不足, 他们是在假设烟草对人体有害的情况下进行的. 这好比甲不想要乙做某件事, 而是想要丙做, 但又不想让乙觉得自己独断独行. 为此甲与乙商量着说, 这件事让丙做好吗? 因而有人认为, 倘若前瞻性调查研究是在假设烟草对人体无害的情况下开展的, 则可能会得出另外的解释. 由此看来, 根据这些前瞻性调查研究还不好说, 吸烟一定危害人体健康. 例如, 著名英国统计学家罗纳德 · 费歇尔 (Ronald Fisher 1890~1962) 就做了这样的解释. 他设想 (图 8.1) 有没有这样的遗传因素 (基因), 有这种基因的人天生爱好吸烟, 且天生易患肺癌. 正因为有这样的基因存在, 所以肺癌患者吸烟的多, 吸烟的人容易得肺癌. 费歇尔认为, 倘若有这样的基因, 那么对于有

这种基因的人, 即使他戒烟, 他仍然很有可能患肺癌.

　　费歇尔有力地为 "可恶的香烟" 辩护, 这宽慰了烟草公司与吸烟者. 事实上, 费歇尔心中考虑的有一个更加重要的问题, 那就是科学研究的方法. 费歇尔认为, "是否吸烟" 与 "是否容易得肺癌" 这两个变量, 它们看上去相关, 其实可能是个错觉. 可能有另外一个变量, 例如 "有没有这样的基因" 如图 8.1 所示那样混杂在它们之间. 用这样一种思路思考两个变量的相关问题是非常有意思的. 看下面两个实例.

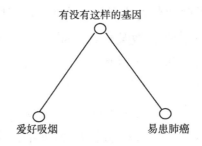

图 8.1　费歇尔的设想

　　第一个实例将告诉我们, 思考有没有混杂变量, 这有助于人们了解现象的真相. 在人们发现肺癌患者中抽烟的人多这个现象不久, 还发现肺癌患者中经常喝咖啡的人也不少. 看来喝咖啡与肺癌之间也有关系. 那么能否说喝咖啡也是肺癌的危险因素. 它是否和抽烟一样, 有害人体健康, 也是人类的恶习? 如今烟草工业的发展越来越

受到遏制, 而咖啡却是全世界交易额第二大日用
消费品. 为什么不禁止喝咖啡这种饮料, 那是因
为人们按费歇尔的思路发现, "是否喝咖啡" 与
"是否容易得肺癌" 这两个变量之间有一个混杂
变量, 那就是 "是否吸烟", 见图 8.2.

**肺癌患者几乎都是经常抽烟的, 并且喜欢抽**
**烟的人往往也喜欢喝咖啡, 所以肺癌患者中经常**
**喝咖啡的人不少.**

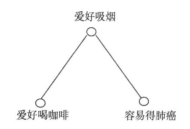

图 8.2　咖啡, 吸烟与肺癌之间的关系

下面第二个实例将告诉我们, 思考什么是真
正的混杂变量, 这也有助于人们了解现象的真
相. 父母得了癌症, 子女也容易得癌症, 按费歇
尔的思路, 很自然地想到这里有个混杂变量: 遗
传. 若的确如此, 则基因就是癌症的一个危险因
素了. 但有人对此提出质疑, 说父母得癌症, 为
什么子女也容易得癌症, 其原因就在于子女的生
活习惯与父母的往往非常相似. 例如, 父母爱
吃腌制食品, 容易患胃癌. 子女往往也爱吃腌制
食品, 也容易患胃癌. 子女与父母患相同的疾病,

其中的混杂变量是同一个家族的成员有相同的生活习惯. 遗传究竟是不是癌症的危险因素? 是哪一些癌症的危险因素? 哪一些癌症与遗传关系不大, 甚至没有关系? 经过研究这些问题有的已明确, 有的尚待进一步研究. 研究表明乳腺癌是遗传型肿瘤, 而肺癌与胃癌是非遗传性肿瘤. 由此看来, 那些有肺癌与胃癌家族史的人大可不必紧张. 成事在人, 人完全有能力改变不良的生活习惯, 从而预防此类癌症疾病的发生. 即使有乳腺癌家族史的人, 也不必感到自己无能为力, 只得听天由命. 当前全球癌症研究热点课题,"癌症基因检测" 新技术, 可对乳腺癌患者的家人进行基因检查, 找出突变基因的携带者, 在他们还没有发病前采取有效措施防治乳腺癌. 事实上, 不论是否是遗传型肿瘤, 癌症的发病都与不良生活习惯以及环境污染有关. 有遗传型肿瘤, 例如乳腺癌家族史的人, 改变不良生活习惯与注意整治环境也是十分有益的. 基因检测不仅可对患遗传型肿瘤, 甚至还可以对患非遗传型肿瘤的可能性进行风险评估. 降低癌症死亡率除了改进治疗技术, 更多的还需要改进癌症预防与早期癌症侦测技术.

费歇尔为证实他的如图 8.1 那样的设想, 提出用双胞胎进行试验, 让其中的一个吸烟, 另一个不吸烟. 由于双胞胎的基因相同, 所以这样的对照比较, 就可检验究竟有没有这样的基因. 但双胞胎试验没有成功, 其原因一方面是很难寻找到大批的愿意接受试验的双胞胎, 另一方面是由于证实吸烟危害人体健康的试验对参加试验的人员有可能产生很大的危险. 既然在人体上直接试验看来有困难, 那就用动物, 例如狗做间接试验. 将狗随机地分为吸烟和不吸烟两个小组. 经过很长时间的努力, 才让人吸烟的情景在实验室得到充分的模拟, 让狗真实地像人一样在吸烟. 在这个随机化实验中, 狗出现了几则肺癌病例, 吸烟对动物确实有害. 同时, 科学家对人体和动物分别做了大量试验, 研究烟草对人体哪些器官系统有害. 研究表明烟草对肺和血管等确实有害, 吸烟越严重对肺和血管等越是更加有害. 随着研究的不断深入, 人们最后统一认识, 烟草的确对人体有害, 这是因果关系. 但究竟要不要戒烟还是有争议, 毕竟戒烟付出的代价太大了. 最后应用统计学的一个分支决策论, 分析戒烟所付出的代价与获得的收益, 推理论证, 提出合理的建议. 20 世纪 80 年代科学界、政府卫生机构、社会公众才逐步统一认识, 认为戒烟绝不是得不偿失, 而是亡羊得牛, 人类必须消除抽烟恶习.

215

　　根据 2008 年第四次国家卫生服务调查公布的结果, 我国 15 岁以上的吸烟者高达 3.5 亿人, 占世界吸烟总人口的近 1/3. 每年我国因吸烟导致 140 万人死亡, 总经济损失近 3000 亿元人民币. 在我国戒烟刻不容缓.

## 8.4　随机化对照比较双盲实验

费歇尔倾向于随机化临床实验. 众所周知的抽签就是最为简单的随机化技术. 例如, 在国际著名的耶鲁大学, 抽签这个简单方法常被校方用来解决一些棘手问题. 例如, 2001 年 10 月 5 日耶鲁大学 300 周年校庆, 以克林顿总统的演讲作为闭幕式. 消息在网上公布后两个小时内就有好几千人订票, 要求参加校庆闭幕式, 但闭幕式礼堂座位有很. 怎么办? 校长办公室说, 抽签. 又如 2008 年 6 月 27 日是美国软件业巨擘微软公司创始人比尔盖茨作为全职员工在公司工作的最后一天, 28 日起他从微软 "一把手" 执行董事长的位置退休, 转任非执行董事长. 自此之后他将全身心投入慈善事业. 微软员工都想参加 27 日下午送别盖茨的活动. 经过抽签, 有 830 名幸运的微软员工赢得了宝贵的席位, 出席了此次送别盖茨的活动. 国际著名高科技的微软公司也是用抽签的方法来解决这个棘手问题的. 如果人为选择哪些人可以参加, 这免不了有人有意见, 认为选择有倾向性. 事实上, 人为选择难免有倾向性.

随机化对照比较双盲实验是理想的随机化临床实验. 本书以 1954 年实施的历史上规模最大, 费用最昂贵的脊髓灰质炎疫苗实地实验为例介绍随机化对照比较双盲实验. 有关内容摘自下面两篇文章. 第一篇文章是《统计学应用指南》[14] 的第一部分 (生物的世界) 的第一节 (健康或长寿) 的第一篇文章 (有史以来空前规模的公共健康实验: 1954 年脊髓灰质炎疫苗实地实验). 第二篇文章是参考《统计学》[20] 的第一部分 (实验设计) 的第 1 章 (对照实验) 的第 1 篇文章 (脊髓灰质炎疫苗的现场实验).

脊髓灰质炎俗称小儿麻痹症. 20 世纪 60 年代前, 脊髓灰质炎严重危害着人类, 尤其是儿童的健康. 美国总统富兰克林 • D • 罗斯福年轻时就不幸染上了脊髓灰质炎. 在他任职期间美国开展了规模空前的根治脊髓灰质炎的研究. 研究发现脊髓灰质炎是由一种病毒引起的. 我们知道天花也是由病毒引起的. 当然, 引起天花与引起脊髓灰质炎的是两种不同的病毒. 既然天花可由疫苗, 例如种牛痘来预防, 因而人们很自然地想到, 研制疫苗用来预防脊髓灰质炎. 20 世纪 50 年代初, 匹兹堡大学乔纳斯•索尔克 (Jonas Salk) 研制的疫苗在实验室试验中被证实不仅安全可靠, 而且能在人体中产生大量抗体. 但疫苗能否推广使用, 还需要进行一次大规模的现场试

217

验. 1954 年美国公共卫生总署决定组织脊髓灰质炎疫苗实验. 实验对象是那些最容易感染小儿麻痹症的人群, 小学 1、2、3 年级的学生. 这是一个对照比较的试验, 将接种疫苗儿童与没有接种疫苗的儿童进行比较, 看他们有没有差别, 分析疫苗究竟有没有作用.

关于脊髓灰质炎的现场试验提出了好几个方案. 人们习惯与过去比. 1954 年给大量儿童接种疫苗. 这一年的脊髓灰质炎发病率, 与 1953 年儿童没有接种疫苗时的脊髓灰质炎发病率进行比较, 看疫苗是否有效. 经论证认为这个方案不可行. 其原因就在于脊髓灰质炎是一种流行病. 不同年份流行病的发病率变化很大. 除了 1954 年接种疫苗而 1953 年没有接种疫苗的不同之外, 1954 年与 1953 年人群中脊髓灰质炎以及健康与卫生状况的分布, 并且它们的影响因素可能都有很大的不同, 而这些不同很有可能影响到脊髓灰质炎在不同年份的发病率.

疫苗仅在实验室试验中被证实安全可靠且能产生大量抗体. 大规模的现场试验接种疫苗是有风险的. 疫苗无效甚至有可能接种疫苗反而容易得病. 因而儿童接种疫苗, 必须取得父母的同意. 由此有下面的实验方案. 首先询问家长, 是否同意让你的孩子接种疫苗? 取得父母同意的儿童接种疫苗, 父母不同意的儿童不接种疫苗,然后将这两组儿童进行对照比较. 人们发现愿意参加试验的儿童逃学次数明显的低于其他儿童. 进一步分析发现父母同意儿童接种疫苗的家庭接受教育的程度往往比较高, 家境比较富裕, 住在居住条件比较好的地段, 其卫生保健条件比较好. 而父母不同意儿童接种疫苗的家庭接受教育的程度往往比较低, 家境比较贫穷, 住在居住条件比较差的地段, 其卫生保健条件比较差. 当时有个奇怪的现象, 脊髓灰质炎似乎 "偏爱" 那些卫生保健条件较好的人. 居住条件较好的地段得脊髓灰质炎的人反而比较多. 那些卫生条件差的地区, 成年人很可能从来没有意识到自己已感染过脊髓灰质炎的病毒. 不论这些人有没有发病, 自身对病毒已产生了抗体, 终身免疫. 这些人的孩子一旦接触到脊髓灰质炎病毒, 母亲遗传的免疫力在保护他, 使得他产生了自身的免疫力. 因而居住条件差的地段得脊髓灰质炎的人反而比较少. 由此看来, 父母同意与不同意儿童接种疫苗的两组家庭有着显著的差异. 取得父母同意的儿童接种疫苗, 父母不同意的儿童不接种疫苗, 除了接种与没有接种疫苗的不同之外, 他们还有容易得与不容易得脊髓灰质炎的显著差异. 这个方案经论证认为不可行.

事实上儿童不接种疫苗也必须取得他父母的同意, 这是因为不接种疫苗也有风险. 一旦疫苗有效, 则没有接种疫苗的儿童若感染了脊髓灰质炎, 同样对儿童的身心健康产生危害. 由此有下面的实验方案. 首先询问家长, 是否同意孩子参加实验? 并告诉家长, 参加实验的儿童有可能接种疫苗, 也有可能不接种疫苗. 共有 419029 个儿童的父母同意参加实验, 330207 个儿童的父母不同意参加实验. 然后将父母同意参加实验的儿童分成两组, 一组儿童接种疫苗, 另一组的儿童不接种疫苗. 接下来的问题就是, 如何分组. 很容易想到用人为判断的方法, 根据儿童的家庭收入、健康状况、性格以及不同的兴趣爱好等情况平均地分成两组. 用人为判断的方法分组很不容易, 例如, 家庭收入就很难了解到, 健康状况、性格与兴趣爱好也很难把握. 倘若不想出错, 那要费很大的精力. 事实上, 再怎样努力仍很容易出错. 费歇尔倾向于随机化分组, 例如, 扔一枚均匀的硬币, 以 50% 对 50% 的机会将儿童随机分配到处理组或对照组. 随机分配的方法操作简单, 很容易将 419029 个儿童分成两组, 接种疫苗与不接种疫苗的分别有 209229 与 209800 个儿童. 更重要的是概率统计理论保证, 随机分配的方法分成的两组中, 儿童的家庭收入, 儿童的健康状况、性格以及不同的兴趣爱好等情况的分布基本相同. 参与实验的儿童越多, 它们的分布就越相近.

一般来说, 人们倾向于希望疫苗成功, 因而医生有可能有这样一种意向, 在诊断接种疫苗的学生时将一些疑难病例轻率地诊断为非脊髓灰质炎, 而不加以深入的检查; 在诊断没有接种疫苗的学生时将一些疑难病例轻率地诊断为脊髓灰质炎, 同样不加以深入的检查. 这样的意向有着有利于疫苗的偏差. 所以医生必须做到"盲", 他不知道参加试验的儿童谁接种疫苗, 谁没有接种疫苗. 同样道理, 参加试验的儿童也必须做到"盲", 他不知道自己以及别人是在处理组还是在对照组. 做到这样两个"盲"的实验称为是双盲实验. 双盲实验给一组的儿童接种疫苗, 给另一组的儿童接种安慰剂. 安慰剂看上去和疫苗一模一样, 但它没有抗体.

221

最终大家达成共识, 采用随机化对照比较双盲实验. 用随机分配, 例如抽签的方法将父母同意参与实验的儿童们分成两组, 一组接种疫苗, 另一组接种安慰剂. 整个实验在双盲的情况下进行, 不管是儿童, 还是医生都不知道谁在接种疫苗谁在接种安慰剂.

接种疫苗的 209229 个儿童中有 8484 个儿童在接种了 1 或 2 次疫苗之后中途退出实验, 因而接种疫苗的最终有 200745 个儿童. 接种安慰剂的 209800 个儿童中有 8571 个儿童在接种了 1 或 2 次安慰剂之后中途退出实验, 因而接种安

慰剂的最终有 201229 个儿童. 父母不同意参加
实验的有 330207 个儿童, 接种安慰剂中途退出
实验的有 8571 个儿童, 两者相加所得的 338778
个儿童认为是没有接种者. 接种疫苗中途退出
实验的 8484 个儿童认为是不完全疫苗接种者.
实验过程中也有些儿童患的疾病属非脊髓灰质
炎病例. 随机化对照比较双盲实验的脊髓灰质
炎病例的数据见表 8.4.

表 8.4　随机化对照比较双盲实验数据

| 组别 | 人数 | 脊髓灰质炎病例 | 比例 (十万分之) |
|---|---|---|---|
| 接种疫苗 | 200745 | 57 | 28.4 |
| 接种安慰剂 | 201229 | 142 | 70.6 |
| 没有接种 | 338778 | 157 | 46.3 |
| 不完全疫苗接种 | 8484 | 2 | 23.6 |

接种疫苗的脊髓灰质炎病例比例为十万分
之 28.4 远小于接种安慰剂的十万分之 70.6. 统
计假设检验显示, 这说明疫苗的确有效. 没有接
种与接种安慰剂都是没有接种疫苗, 为什么前者
的比例十万分之 46.3 小于后者的比例十万分之
70.6? 其原因就在于前者是父母不同意参加实验
的儿童, 而后者是父母同意参加实验的儿童. 至
于为什么不完全疫苗接种的比例十万分之 23.6
是最低的, 这需要深入研究详细分析.
　　1954 年实施的历史上规模最大, 费用最昂
贵的脊髓灰质炎疫苗实地实验证实, 由匹兹堡大

学乔纳斯·索尔克 (Jonas Salk) 研制的疫苗能够推广使用. 在推广应用这个疫苗的过程中研制出了新的比他更好的疫苗. 1954 年大规模的现场试验检验论证有效的疫苗早就被更有效、更安全的新疫苗所替换. 如今人类已比较彻底地消除了脊髓灰质炎的病痛. 1954 年的大规模的现场试验除了检验论证疫苗有效之外, 更重要的是它充分地论证了随机化的作用, 安慰剂的作用, 论证了随机化对照比较双盲实验是可靠有效的.

## 思 考 题 八

1. 众所周知, 女性色盲率远低于男性色盲率. 为此, 开展了某项关于性别与色盲率的研究, 女性调查人数多于男性调查人数. 设有 600 个男性与 1500 个女性接受了调查. 调查数据见表 8.5.

表 8.5 性别与色盲率

| 性别 | 色盲 | 正常 | 合计 |
| --- | --- | --- | --- |
| 男性 | 48 | 552 | 600 |
| 女性 | 17 | 1483 | 1500 |
| 合计 | 65 | 2035 | 2100 |

(1) 由表 8.5 的数据, 估计男性与女性的色盲率?

(2) 表 8.5 告诉我们, 2100 人中有 65 个色盲, 比例为 $\frac{65}{2100} \times 100\% = 3.1\%$. 据此能否把人群 (男女合在一起) 的色盲率估计为 3.1%? 如若不行, 则由表 8.5 的数据, 能不能估计人群的色盲率? 假设人群中男女所占的比例都是 1/2.

(3) 表 8.5 告诉我们, 色盲的 65 人中有 48 个男性, 比例为 $\frac{48}{65} \times 100\% = 73.8\%$. 据此能否把色盲的人群中, 男性所占的比例估计为 73.8%? 如若不行, 则由表 8.5 的数据, 能不能估计色盲的人群中, 男性占多大的比例.

(4) 按遗传学的理论, 有如下结论:

● 性别决定于两个染色体, 女性是 XX, 男性是 XY, 人群中女性和男性, 也就是有 XX 和 XY 染色体的人所占的比例假设都是 1/2;

● 染色体 X 与非色盲遗传因子 A 或与色盲遗传因子 a 成对出现, 而染色体 Y 不可能与 A 或与 a 成对出现. A 与 X 成对出现的概率为 $p$, a 与 X 成对出现的概率为 $q$, $0 \leqslant p \leqslant 1$, $p + q = 1$;

● 遗传因子有显性和隐性之分, 非色盲遗传因子 A 是显性因子, 色盲遗传因子 a 是隐性因子. 因而, 对男性来说, (XA)Y 的情况没有色盲, 其概率为 $p/2$; (Xa)Y 的情况有色盲, 其概率为 $q/2$. 对女性来说, (XA)(XA)、(XA)(Xa) 和 (Xa)(XA) 三种情况都没有色盲, 它们的概率之和为 $(p^2/2) + pq$; (Xa)(Xa) 的情况有色盲, 其概率为 $q^2/2$. 即男性正常、女性正常、男性色盲和女性色盲这 4 类人所占的比例分别为 $p/2$、$(p^2/2) + pq$、$q/2$ 和 $q^2/2$, 其中, $p$ 未知, $0 \leqslant p \leqslant 1$, $q = 1 - p$.

试用第 2 章思考题二第 2 题所说的最大似然法, 估计 $p$ 以及男性正常、女性正常、男性色盲和女性色盲的概率.

2. (摘自《统计学》[20] 的第一部分第 2 章的习题 A 的第 8 题与第 9 题) 乳腺癌是美国妇女中最常见的恶性肿瘤之一. 如果过早地, 在癌扩散之前发现患了乳腺癌, 则治疗成功的机会会更高. 关于乳腺癌的第一次大规模试验由全纽约健康保险规划于 1963 年开始实施. 实验对象是 62000 名 40~64 岁的妇女. 她们被随机地分为两个大小一样的组. 要求处理组的 31000 名妇女除普通健康检查之外, 还接受了由医生和 X 光进行的乳腺癌检查, 但其中有 10800 名妇女拒绝检查, 只有 20200 名妇女接受了检查. 研究发现, 处理组内接受检查的妇女比拒绝检查的妇女更富裕和受过更好地教育. 对照组的 31000 名妇女仅接受普通健康体检. 所有的妇女都被跟踪了若干年.

(1) 这项研究是 "盲" 的吗?

(2) 在试验的第 1 年里, 发现的患乳腺癌的人数与比例见表 8.6. 在处理组接受检查的 20200 名妇女中发现了 67 例乳腺癌, 比例为 3.317 ‰; 在处理组拒绝检查的 10800 名妇女中仅发现了 12 例, 比例为 1.111 ‰; 而在对照组的 31000 名妇女中发现了 58 例, 比例为 1.871 ‰. 接受检查的妇女乳腺癌的发病率最高, 而拒绝检查的妇女乳腺癌的发病率最低, 看来, 检查引起了乳腺癌. 这难道是真的吗?

(3) 5 年跟踪期间的死亡人数 (包括死因) 及比率 (1000 名妇女的平均死亡人数) 见表 8.7.

**表 8.6 试验的第 1 年发现的患乳腺癌的人数与比例**

| 组别 | | 乳腺癌病例数 | 比例/‰ |
|---|---|---|---|
| 处理组 | 接受乳腺癌检查 20200 名妇女 | 67 | 3.317 |
| | 拒绝乳腺癌检查 10800 名妇女 | 12 | 1.111 |
| 对照组 (31000 名妇女) | | 58 | 1.871 |

**表 8.7 5 年跟踪期间的死亡人数 (包括死因) 及比率**

| 组别 | | 因乳腺癌死亡 | | 因其他疾病死亡 | |
|---|---|---|---|---|---|
| | | 人数 | 比率 | 人数 | 比率 |
| 处理组 | 检查 (20200 名妇女) | 23 | 1.1 | 428 | 21 |
| | 拒绝 (10800 名妇女) | 16 | 1.5 | 409 | 38 |
| | 总计 (31000 名妇女) | 39 | 1.3 | 837 | 27 |
| 对照组 (31000 名妇女) | | 63 | 2.0 | 879 | 28 |

拒绝检查的妇女因乳腺癌死亡的比率 1.5 比接受检查的妇女因乳腺癌死亡的比率 1.1 高, 且拒绝检查的妇女因其他疾病死亡的比率 38 比接受检查的妇女因其他疾病死亡的比率 21 明显地高. 合起来看, 拒绝检查的妇女死亡的比率 $(1.5 + 38 = 39.5)$ 大约是接受检查的妇女死亡的比率 $(1.1 + 21 = 22.1)$ 的 2 倍. 这是否能有力地说明, 检查使得死亡率降低了 1/2?

(4) 处理组 31000 名妇女因乳腺癌死亡的比率 1.3, 比对照组 31000 名妇女因乳腺癌死亡的比率 2.0 明显地低. 这是否能说明, 检查降低了乳腺癌的死亡率, 拯救了妇女的生命?

# 9 统计学意义的判断

赫伯特·乔治·威尔斯 (Herbert George Wells, 1866~1946) 是英国著名小说家, 尤以科幻小说的创作闻名于世. 他书中所表达的科幻理念具有超前先见性. 这些科幻理念当时看来颇为神秘, 但其中很多后来都成了现实. 原子弹是他最著名的科幻理念之一. 1914 年威尔斯在其作品《自由世界》(the world set free) 中预言, 未来将会出现摧毁整个城市的原子弹. 这本书出版 28 年后, 1942 年美国开始实施利用核裂变反应来研制原子弹的曼哈顿计划 (Manhattan Project), 1945 年成功地进行了世界上第一次核爆炸, 制造出两颗原子弹. 威尔斯在《自由世界》一书中 "发明" 的 "原子弹"(atomic bomb) 一词, 随着科技的发展成为了现实. 威尔斯亲自见证了这一时刻的到来. 而在威尔斯提出这一预言的 1914 年, 人们对放射性元素的威力其实所知甚少. 威尔斯的预言并不是他的臆测, 而是建立在他丰富的阅历, 缜密的分析判断, 渊博的学识基础之上的. 他超凡的洞察力增强了人们对科学的理解与好奇心, 极大地拉近了人们与科学技术之间的距离.

威尔斯曾预言: 如同读写能力, 统计思维总有一天会成为高效公民所必需的能力. 显然, 这个预言已成真. 毫无疑问, "读与写" 还有 "算"是一个公民必须掌握的能力. 威尔斯为什么说, 统计思维终究也会是现代高效公民, 也就是所谓的理性人必须掌握的能力. 那是因为各行各业中不确定情况比比皆是. 如何在不确定情况下做出判断? 如何理解不确定情况下做出的判断? 这一切就都需要统计思维.

著名统计学家 C.R. 劳 (Calyampudi Rad-hakrishna Rao, 印度, 1920~) 在他的统计学哲理专著《统计与真理——怎样运用偶然性》[26]中说: "在终极的分析中, 一切知识都是历史; 在抽象的意义下, 一切科学都是数学; 在理性的基础上, 所有的判断都是统计学." 知识犹如涓涓细流, 汇成了历史的长河. 从特殊到一般, 从具体到抽象, 科学知识皆可以量化. 如何收集与分析数据, 为决策提供依据或建议, 乃是当今大数据时代人类面临的机遇与挑战. 各行各业都需要在不确定的情况下作出判断. 合理利用已有的资源用以取得最大效用的理性人, 其所做的判断都是统计学意义的判断.

## 9.1　概　括　汇　总

　　我们不时地会看到这样的信息, 例如, 有报道说我国心血管病患者人数已达到 2.9 亿. 由此算得, 我国成年人心血管病的患病率为 20%. 这难道说, 在我国每 5 个成年人中就有 1 人患心血管病吗? 或甚至理解为, 5 个人中如果有 1 人确证患心血管病, 那其余 4 人就没有心血管病了吗? 又如北京卫视养生堂有一档节目 "你的膝关节还好吗?" 节目一开始有一段话: "有人说, 人的膝关节的平均寿命只有 60 年. 超过 60 岁的人关节就不好了吗?" 诸如此类的这些问题有很多, 例如, 有人说, "难道抽烟危害人体健康? 我抽烟, 但身体很好, 血脂不高, 没有患肺癌." 用这样的思维方法对 "患病率"、"平均寿命" 与 "是否有害" 质疑的人, 其实是缺乏统计思维, 殊不知这些数字与结论其实是很多观察结果 (数据) 的概括汇总. 我国成年人中有的有心血管病, 有的没有. 有心血管病的所占比例也就是患病率为 20%. 这并不意味着, 5 个人必定有 1 人且只有 1 人患心血管病. 观察收集了很多人膝关节的寿命数据, 有的寿命短, 有的寿命长, 平均是 60 年. 由此可见, 超过 60 岁的人关节也不一定不好. 事实上, 倘若超过 60 岁的人膝关节就一定不好, 则人的膝关节的平均寿命就不会是 60 年, 肯定比 60 年少. 观察收集了很多人的健康数据, 比较抽烟者与不抽烟者的患病与死亡情况, 概括汇总得出了 "抽烟危害人体健康" 的结论. 至于对某个抽烟者而言, 有可能他身体不差, 甚至于比某个不抽烟的人还要好. 但这并不说明抽烟不危害人体健康. 概括汇总的基础是有很多的观察结果 (数据), 这好比英国人格朗特根据伦敦教会每周一本的 "死亡公报", 对 1604~1660 年伦敦地区 50 多年的新生儿的性别进行观察, 概括汇总揭示出新生婴儿的男女性别比为 14/13. 这也就是我们通常所说的, 每出生 100 个女孩, 平均来说出生 107 到 108 个男孩. 就某医院某一或几天而言, 出生的婴儿中有可能女的比男的多, 但人们并不会由此质疑格朗特的性别比的结论. 如果某地区很长的一段时间内, 每出生 100 个女孩, 平均来说出生的男孩超过 108 个, 例如, 有 111、112 之多, 人们不仅不会怀疑格朗特的性别比的结论, 反而会认为这个地区生男生女很可能受到了人为因素的干涉.

概括汇总将一个个数据的信息集中在一起,其优点不言自明. 著名英国科学家弗朗西斯·高尔顿 (Francis Galton, 1822~1911) 在 1906 年的年度西英格兰家畜展上做了个统计实验, 猜测一只公牛的重量. 有 787 个参展者给出了他们的猜测. 这些猜测有的大有的小, 参差不齐. 高尔顿计算了大小不等的所有这 787 个猜测的平均数:1197lb①. 得知公牛的实际重量为 1198lb 后, 大家都吃了一惊. 有的参展者猜测过高, 而有的猜测过低. 平均数概况汇总, 正负抵消, 它离真值就近了. 人们都有这样的经验, 如欲估计未知量的真值, 做很多次重复的观察, 则取其平均是最佳选择. 平均数是当今世界上最流行的一个数. 当然, 如有异常情况, 例如, 某个参展者故意把公牛的重量猜测得非常低 (或非常高), 对于这种非正常的情况, 概况汇总的平均数就不是最佳选择, 它较真值会小 (或大) 了很多. 由此可见, 由概况汇总得出的结论不可避免地有可能比较差.

曾根据很多人的健康数据, 比较喝咖啡者与不喝咖啡者的患病与死亡情况, 概括汇总得出了"喝咖啡危害人体健康" 的结论. 但经仔细论证 (见本书 8.3 节或见《魅力统计》[15]), 这仅是一个错觉. 1990 年上海市第四次人口普查资料汇

---

① 1lb=0.453592kg.

总, 发现了一个十分蹊跷的情况, 未婚的死亡率居然比有配偶的低. 难道说结婚不利于人体健康? 经人们仔细论证 (见本书 1.2 节), 这也仅是错觉. 由此可见, 由概况汇总得出的结论不可避免地有可能并不一定为真.

平均数是数据平均大小 (中心位置) 的代表, 为此人们通常就用平均数作为数据的代表. 例如, 欲比较两个班级的学习成绩, 通常就看它们的平均分数谁高谁低. 数据用平均数作为代表, 有可能有问题. 例如, 2001 年 3 月 5 日《经济参考报》有一篇文章的标题是 "平均数代表不了大多数". 文章说, 2000 年江苏省农民人均年纯收入增长了 2.9%. 但这个增长是由并不占多数的农民收入的增长拉动的. 去年江苏农民减收户达 60%, 平收、增收的农户只占 1/3. 又如国家统计局发布的《2013 年全国房地产开发和销售情况》中说, 2013 年全国城镇商品房销售面积 130551 万 m², 商品房销售额 81428 亿元. 由此算得商品房平均销售价格为

$$\frac{81428 亿元}{130551 万 m^2} = 6237 元/m^2$$

国家统计局的这个平均房价数字一公布, 立即遭到大家尤其是大城市, 例如北京、上海居民的吐槽. 2013 年 12 月上海新房均价 31260 元/m², 二手房均价 27508 元/m², 即使上海远郊商品房

232

均价也超过了 7000 元/m². 难怪上海居民对国家统计局公布的均价 6137 元/m² 感到不可思议. 平均数是观察结果的概括汇总, 它是数据平均大小 (中心位置) 的代表. 如果观察数据有的大有的小, 参差不齐, 非常分散, 那平均数就代表不了大多数. 由此可见, **数据的中心位置很重要, 值得关心, 之外还有必要关心数据的离散变异程度**.

标值 1.5V 的 5 号电池, 其每一个的电压不可能都恰好等于 1.5V, 必然是有的高一点有的低一点. 平均电压是否等于 1.5V 是它的一个质量指标. 除了平均电压, 另一个质量指标就是电压的离散变异程度. 离散变异程度过大, 这说明电压高高低低, 非常分散. 如此不稳定的电池显然没有市场竞争力. 对电压稳定这个问题的关心往往甚于对平均电压的关心. 要想占领市场就得着重考虑, 用何种材料按什么样的工艺才能制造出电压稳定的电池. 除了电压, 还有使用寿命, 也就是说有平均寿命与寿命的离散变异程度等两个问题. 企业对离散变异程度的关心往往甚于对平均大小 (中心位置) 的关心.

既然数据的平均大小 (中心位置) 可以用平均数作为代表, 那么数据大大小小, 参差不齐, 离散程度能否也能用某个数字来表示?具有这种性质的数字中最常用的是方差与标准差 (标准差等

233

于方差的平方根). 有关方差与标准差以及描述数据离散变异程度的其他数字的详细介绍本章从略. 下面介绍, 在数据有大有小, 参差不齐, 非常分散, 平均数代表不了大多数时的一些处理方法.

**处理方法一** 除了用平均数, 还可以用切尾平均数, 中位数与众数作为数据平均大小 (中心位置) 的代表. 所谓切尾平均数最简单的就是去掉一个最大值和去掉一个最小值后计算的平均数, 或者在数据很多的时候计算, 例如 5% 切尾平均数, 分别去掉小的与大的一头的 5% 个数, 然后把剩下来的中间 90% 的数取平均. 显然, 切尾平均数不受很大的数与很小的数的影响. 关于中位数与众数看下面的例子. 某企业雇主雇员共 101 人. 他们的工资情况见表 9.1.

表 9.1　某企业雇主雇员的工资情况

| 工资 | 人数 | |
|---|---|---|
| 200000 | 1 | |
| 80000 | 1 | |
| 50000 | 3 | |
| 60000 | 3 | |
| 20000 | 6 | |
| 10000 | 1 | 平均数 |
| 6000 | 5 | |
| 5000 | 12 | |
| 4000 | 18 | |
| 3000 | 1 | 中位数 |
| 2500 | 10 | |
| 2000 | 40 | 众数 |

数据的中位数是这样的一个数,在它的左边(比它小的) 和右边 (比它大的) 有一样多的数. 表 9.1 这家企业雇主雇员工资的中位数是 3000,各有 50 个人的工资不到和超过 3000. 中位数排在中间, 它显然可用来作为数据平均大小 (中心位置) 的代表. 对表 9.1 这家企业来说,用平均数 10000 作为雇主雇员工资的代表,人们大多不会接受. 而用中位数 3000 作为代表,人们愿意接受. 最高的, 也就是企业雇主的工资增加很多时,平均数很敏感,会随之增加,而中位数稳健,保持不变. 对表 9.1 这家企业职工工资问题而言,用稳健的中位数 3000 作为代表比用平均数 10000 来得好. 但必须指出的是, 人们日常用得比较多的还是平均数,这一方面是人们的习惯所致. 另一方面也与平均数有很多很好的统计性质且计算简便有关. 还必须指出的是,平均数与中位数相辅相成,各有优缺点,彼此取长补短. 这好比人既要敏感也要稳健. 为了容易察觉发现异常情况,需要敏感性. 但为了不受异常情况的干扰,则需要稳健性. 更重要的,平均数与中位数,再加上众数,这三个数字的同时运用,可以对数据有一个较为全面的了解.

所谓众数就是出现次数最多 (频率最大) 的那个数. 表 9.1 这家企业雇主雇员工资的众数是 2000. 101 人中有 40 人的工资是 2000. 众

数同样也可用来作为数据平均大小 (中心位置) 的代表. 例如, 菜市场通常用卖得最多的那个蔬菜的价格作为市场内蔬菜的平均价格. 平均数依据的是数的数值, 中位数依据的是数的大小, 众数依据的是数出现的次数 (频率), 它们从不同的角度描述了数据的平均大小 (中心位置). 如果平均数、中位数和众数这三个数都用, 那就比较好. 根据这三个数, 人们可大致了解到数据的全貌. 倘若不告诉你表 9.1 这家企业各个雇主雇员的工资, 仅告诉你他们工资的平均数是 10000、中位数是 3000 和众数是 2000, 那我们根据这三个数就可以想象出, 这家企业雇主雇员工资分布的大致情况: 工资为 2000 的人最多, 工资比 3000 高和低的人一样多, 由于平均数 10000 比中位数大得多, 因而有的人工资特别高.

**处理方法二** 在观察结果大大小小, 参差不齐, 非常分散, 平均数代表不了大多数时, 我们可以将总体划分为几个内部观察结果差异比较小的子总体 (层), 然后分别寻求每一层的平均大小 (中心位置) 的代表. 例如, 以各城市综合实力为基本标准, 将我国城市划分为一线、二线、三线与四线城市等四个层次, 同一个线内各个城市的房价差异不大. 然后分别计算一线、二线、三线与四线城市的平均房价. 如此计算得到的不同层次 (线) 的平均房价, 就与人们的感受比较吻合, 易被人们理解接受.

**处理方法三** 除了计算平均数, 我们还可以计算不同位置上的百分位数, 刻画数据的分布情况. 例如, 根据上海市区儿童体格发育的数据, 1995 年上海市公布了市区 0~6 岁男童和女童体格发育的五项指标 (体重、身高、头围、胸围和坐高) 评价参考值. 这些参考值都是用百分位数描述的. 表 9.2 列举了初生婴儿的体重和身高的评价参考值. 表中的 $P3$ 称为是 0.03 百分位数. 其余的类同.

表 9.2 上海市区初生婴儿体重和身高评价参考值

| 指标 | | $P3$ | $P10$ | $P20$ | $P50$ | $P80$ | $P97$ |
|---|---|---|---|---|---|---|---|
| 体重/kg | 男童 | 2.58 | 2.81 | 3.00 | 3.24 | 3.59 | 4.00 |
| | 女童 | 2.60 | 2.80 | 2.90 | 3.22 | 3.60 | 3.95 |
| 身高/cm | 男童 | 47.90 | 48.11 | 49.00 | 50.30 | 51.50 | 53.00 |
| | 女童 | 46.40 | 47.51 | 48.20 | 49.95 | 51.00 | 52.50 |

我们以初生男童的体重为例说明婴儿评价参考值的含义. 0.03 百分位数 $P3 = 2.58$kg, 意思是说上海市区初生男童体重不到 2.58kg 的只有 3%. 由于 0.10 百分位数 $P10 = 2.81$, 所以初生男童体重在 2.58~2.81kg 的有 7% (= 10%–3%). 与此相类似地, 初生男童体重在 2.81~3.00kg, 3.00~3.24kg, 3.24~3.59kg, 3.59~4.00kg 以及超过 4.00kg 的分别有 10%, 30%, 30%, 17% 以及

3%. 据此有上海市市区初生男童体重的直方图，见图 9.1. 下面叙述这个直方图是怎样画的.

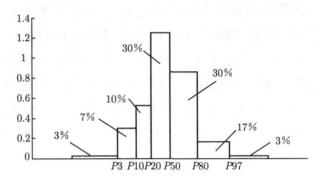

图 9.1　上海市市区初生男童体重的直方图

看图 9.1 中以 ($P20 = 3.00, P50 = 3.24$) 为底边的长方形. 前面我们说了有 30% 的初生男童的体重在 $P20 = 3.00$kg 与 $P50 = 3.24$kg 之间. 那么这个长方形的面积就等于 30%. 这好比有 30% 的初生男童挤在 $P20 = 3.00$ 与 $P50 = 3.24$ 之间，一排排的排上去. 长方形的面积是 30%，所以其高，也就是其纵坐标并不等于 30%. 经计算，长方形的高等于 1.25. 以此类推，计算图 9.1 中其他各个长方形的高. 由此看来，上海市区初生男童按体重排列，全部都在图 9.1 的各个长方形中. 这个直方图直观形象地描述了上海市区初生男童体重的分布情况，体重在各个不同范围内的初生男童比例各有多少.

由图 9.1 可以看到, 倘若一个初生男童体重不到 $P3 = 2.58\text{kg}$, 他应被看成是很瘦弱的. 一般来说, 初生男童体重在 $P50 = 3.24\text{kg}$ 与 $P80 = 3.59\text{kg}$ 之间是比较恰当的, 而体重超过 $P97 = 4.00\text{kg}$ 的初生男童被认为是很胖的.

无论是代表数据平均大小 (中心位置) 的平均数, 还是代表数据离散程度的标准差或给出的结论, 例如 "是否有害" 与 "这个疾病的 5 年生存率只有 30%" 等, 它们都是很多数据的概括汇总. 正因为由概况汇总得出的结论不可避免地有可能并不一定为真, 因而人们当然可以对这些统计学的结论进行质疑, 但下面这位女士那样的质疑是不可取的.

盖洛普公司是权威的国际性民意和商业调查咨询公司. 据说在一次聚会上, 一位女士问盖洛普: "我为什么没有被调查过" 盖洛普解释道: "你被调查的可能性就像人被雷击的可能性一样大." 那位女士说: "但是我确实曾经被雷击过呀." 这个故事充分说明了早期公众对民意调查的不信任和质疑. 这与当时统计思维方法还没有广泛普及有一定的关系. 对于概况汇总得到的统计学的结论, 如何质疑的问题留待下一节讨论.

我曾经被雷击过, 但为什么我从未被调查过? 看来, 民意调查不太可信.

240

## 9.2 审视过程

数据经过统计分析之后不要忙着下结论, 应先抛开结论, 批判性地审视结论得出的过程, 要心存疑惑, 提出疑问. 论证, 置疑, 再论证的过程将使得事实越辩越明, 从而得到更为准确的结论. 这也会使得原有的研究方法更加完善, 提出新的研究方法. 这方面的例子莫过于 "抽烟是否有害人体健康" 的研究. 其有关内容摘自《统计学应用指南》[14] 的第一部分 (生物的世界) 的第二节 (疾病与死亡) 的第一篇文章 (统计学、科学方法与抽烟).

抽烟习俗源远流长. 它遭到过人们, 包括很多权威人士的反对, 但这些评价严格地说并没有科学依据. 近150 年以来发表的有关抽烟利弊的

文章有这样的趋势, 越来越注重收集资料, 科学
评价. 1939 年米勒首次做了这样一项实验. 选取
若干肺癌病例, 同时选取若干与肺癌患者年龄、
性别和其他特征都相似的健康人组成 "对照小
组". 然后要肺癌患者与对照小组中的健康人回
顾自己抽烟的情况. 米勒报道说, 肺癌患者的抽
烟人数极大地超过了对照小组. 看来似乎禁烟
势在必行. 但这项回顾性实验研究的结论遭到
不少人的质疑, 肺癌患者与对照小组在回顾时都
有可能夸大或掩盖抽烟习惯. 此外人们还质疑,
这一项实验仅说肺癌患者中抽烟的多, 并没有说
抽烟的人中患肺癌的多. 对于这类回顾性调查
研究方法的质疑, 促使人们进行前瞻性的跟踪研
究, 连续观察抽烟与不抽烟的人在今后若干年中
的健康状况. 这些跟踪研究都说, 抽烟不仅增加
患肺癌, 而且更严重的增加了患心血管疾病的风
险. 看来, 证据确凿, 抽烟有多个方面的害处. 但
还是有人质疑这样的跟踪实验研究方法, 认为这
些研究 "先入为主", 他们是在假设烟草对人体
有害的情况下进行的. 看来必须考虑随机化临
床实验, 将一群人, 最好是初生婴儿, 随机地分
成两组, 一组人抽烟另一组人不抽烟, 或干脆双
胞胎, 一个抽烟另一个不抽烟, 然后跟踪连续观
察他们的健康状况. 可想而知, 用人体实施这样
的临床实验很困难, 更何况这样的人体实验有道

241

德风险. 可喜的是, 用狗所做的随机化临床实验成功实施, 在模拟人的抽烟习惯的那一组狗中出现了几个肺癌病例. 同时生理学家和医学家对动物和人体做了大量的实验, 实验发现抽烟对器官, 尤其是血管确实有害. 20 世纪 60 年代, 科学界基本上一致倾向于抽烟有害人体健康的结论. 是否禁烟有关国计民生, 这个问题不仅牵涉烟草公司, 还牵涉到农业, 交通运输业, 商业等, 不仅与国家税收, 还与这些行业的从业人员有关, 利弊得失孰大孰小? 看来, 是否禁烟的问题逐渐地由科学问题演变为一个社会政策问题. 1969 年著名美国生物统计学家、公共卫生统计学家伯纳·格林堡的专文, 运用统计学的分支决策论, 具体分析禁烟由此产生的一切利弊得失, 推理论证, 合理分析, 最终提出可行建议. 至此全社会达成了共识, 抽烟有害人体健康, 必须禁烟. 从 1939 年米勒的实验研究, 到 1969 年伯纳·格林堡的决策论分析, 是否禁烟问题的讨论, 经过论证、质疑、再论证, 反反复复几乎整整花了 30 年. 这不仅对于消除抽烟恶习, 而且对于研究方法, 特别是公害研究方法的改进与提高, 做出了巨大的贡献.

除了慎下结论, 人们相信结论也要慎重, 问一问结论是如何得到的, 特别是对于一些比较蹊跷, 出乎意料难以置信的结论要多问几个为什

么. 脊髓灰质炎俗称小儿麻痹症. 20 世纪 60
年代前, 脊髓灰质炎严重危害着人类, 尤其是儿
童的健康. 20 世纪 50 年代初, 研制的脊髓灰
质炎疫苗在实验室试验中安全可靠有效. 在接
下来的大规模疫苗现场试验中, 人们观察发现脊
髓灰质炎似乎 "偏爱" 那些卫生保健条件较好的
人. 居住条件较好的地段得脊髓灰质炎的人比
较多, 而那些卫生条件较差的地区得脊髓灰质炎
的人反而比较少. 这样的观察结果有点令人不可
思议, 不由得受到人们的质疑. 经过深入观察仔
细分析, 事实的确如此, 其原因就在于居住条件
差的地段的成年人, 很有可能感染了脊髓灰质炎
的病毒, 甚至于其中不少人根本没有意识到自己
已经感染. 不论这些人有没有发病, 自身对病毒
已经产生了抗体, 终身免疫. 这些人的孩子一旦
接触到脊髓灰质炎病毒, 母亲遗传的免疫力在保
护他, 使得他产生了自身的免疫力. 因而居住条
件差的地段得脊髓灰质炎的人反而比较少. 100
多年前, 不知有多少人被肺结核夺去了生命. 20
世纪中叶以来抗生素、卡介苗和化学药物 (如异
烟肼) 的问世是人类在与肺结核抗争史上的里程
碑式的胜利. 人们观察发现城市郊区环境清洁安
静的地方肺结核病人比较多, 而在其他地方肺结
核病人却比较少. 难道与脊髓灰质炎相类似地,
生活在环境清洁安静的地方容易得肺结核? 这

243

样的观察结果当然也令人不可思议, 受到人们的质疑. 经过深入观察仔细分析, 事实并非如此. 为什么城市郊区环境清洁安静的地方肺结核病人比较多, 那是因为很多的肺结核病人为安心静养, 都迁移到这类地方去的缘故. 上述这两个例子, 一个事实的确如此, 一个事实并非如此, 不论事实真假如何, 审辩性思维都是有必要的.

抽烟是否有害的例子, 人们是在质疑用这样的实验方法得到的数据是否有效. 脊髓灰质炎与肺结核的例子, 人们是在质疑观察得到的这些数据是否有效. 至于调查得到的数据, 需要质疑的问题就更多了, 例如, 数据能否代表总体? 数据是随机, 还是选择性得到的? 有没有不回答的? 回答的有没有是不真实的? 例如, 某学校为了解学生晚上几点钟上床睡觉, 安排老师早晨在操场向参加早锻炼的学生做调查. 这样的调查势必受到质疑. 有的学生参加早锻炼, 有的没有. 仅向参加早锻炼的学生做调查, 这样调查得到的样本显然不能代表全体学生. 事实上, 没有参加早锻炼的学生, 很可能上床睡觉比较晚. 又如某城市欲了解未来三五年内有多少年轻人准备购车. 调查员就近去一些写字楼向在里面上班的年轻人做调查. 汇总调查数据并由此推断说, 该城市在未来的三五年内有 1/5, 近 30 万年轻人准备购车. 这个推断势必受到质疑. 有选择性地仅向

244

写字楼里上班的年轻人做调查, 这样调查得到的样本并不能代表该城市的年轻人. 说有 1/5 近 30 万年轻人准备购车, 这个推断显然不可信. 再如某大学欲了解本校毕业生毕业一年后的月收入, 把调查表分发给往年历届毕业生. 有不少人没有反馈调查表. 此时有必要置疑, 为什么有如此多的人不回答. 他们中间有的可能是由于一些偶然的原因, 例如, 正好有事外出, 或比较忙以至于无暇顾及而没有回答问题, 当然很可能有这样的情况, 收入比较高的毕业生乐意回答问题, 而不回答的很可能是那些收入比较低的毕业生. 可想而知, 因收入低不愿回答的大有人在. 倘若仅汇总那些反馈调查表中的数据, 这样得到的统计数字显然不能令人感到可信. 在有调查对象不回答时, 必须仔细分析, 不回答的调查对象多不多, 他们为什么不回答. 是把他们去掉为好, 还是再一次对他们进行调查为好. 这些问题的解决在很大程度上依赖人们的经验以及问题的实际背景. 有不回答的需要置疑, 而有的时候对于回答的也需要置疑, 因为人们有可能不说真话. 例如, 杂志读者阅读量的上门调查, 调查结果汇总分析后发现: 喜欢品位比较高的杂志的人相当多; 而喜欢大众化杂志的人不多. 这项调查事关个人爱好, 在多数人看来这是品位高雅还是低俗的问题. 由此看来, 理应置疑被调查者, 尤其那些回答说喜欢品位比较高的杂志的被调查者. 这些人很可能没有说实话, 明明爱看大众化杂志却说自己喜欢阅读品位高的杂志. 通常称这类调查问题为敏感性问题. 最典型的敏感性问题, 例如调查考试作弊、有没有赌博或吸毒等问题. 对敏感性问题有兴趣的读者请参阅《魅力统计》[15]. 该书第三章的 "你考试作弊吗?" 与 "考试作弊的比例有多大?" 有敏感性问题调查分析的简要介绍.

务必关注样本量有多大, 也就是实验与观察的次数, 调查的人数有多大的问题. 样本量的大小事关统计结论的精度. 调查 10 个人有 9 个人支持, 调查 100 个人有 90 个人支持, 得到同样的结论, 支持率都是 90%. 样本量是 100 个人的精度显然高于样本量是 10 个人的. 为了有足够的精度, 必须有足够多的样本量. 这个问题的简要讨论见本章下一节. 此外还应该关注有没有相关的先验信息? 有没有相关经验? 有没有相关资料? 倘若有, 样本量小一些也无妨.

除了质疑数据的收集, 还需质疑数据的分析. 例如, 为了解学生每周看电视的时间是否比读书的时间多, 随机调查 26 位学生. 调查样本如表 9.3 所示. 这是成对数据, 取差值 (看电视时间减去读书时间). 很自然地, 使用单样本 t 检验法. 根据差值数据算得 $t = 0.861$, 单边 $p =$

0.199. 由此得到 t 检验统计分析的结论：学生每周看电视的时间与读书的时间一样多. 对数据分析的结论要心存疑惑, 是否的确如此. 表 9.3 的 26 个差值, 除去 1 个 0 之外, 有 7 个是负的, 他们看电视时间比读书的少, 而其余 18 个全都是正的, 看电视时间比读书的多. 所以看电视多的被调查者约是看电视少的 2.6 倍. 看来有理由怀疑 t 检验统计分析的结论, 学生每周看电视的时间与读书的时间不大可能一样多.

表 9.3　看电视与读书时间的调查数据　(单位：小时)

| 样本 | 看电视 | 读书 | 差值 | 样本 | 看电视 | 读书 | 差值 |
|---|---|---|---|---|---|---|---|
| 1 | 10 | 8 | 2 | 14 | 19 | 16 | 3 |
| 2 | 14 | 10 | 4 | 15 | 10 | 8 | 2 |
| 3 | 4 | 17 | −13 | 16 | 17 | 2 | 15 |
| 4 | 6 | 7 | −1 | 17 | 10 | 6 | 4 |
| 5 | 12 | 14 | −2 | 18 | 12 | 4 | 8 |
| 6 | 13 | 12 | 1 | 19 | 7 | 10 | −3 |
| 7 | 14 | 10 | 4 | 20 | 19 | 3 | 16 |
| 8 | 13 | 11 | 2 | 21 | 12 | 11 | 1 |
| 9 | 10 | 5 | 5 | 22 | 11 | 7 | 4 |
| 10 | 14 | 9 | 5 | 23 | 2 | 25 | −23 |
| 11 | 9 | 9 | 0 | 24 | 9 | 10 | −1 |
| 12 | 12 | 8 | 4 | 25 | 8 | 6 | 2 |
| 13 | 4 | 18 | −14 | 26 | 16 | 5 | 11 |

247

每一个统计分析方法往往都有前提先决条件, 例如, t 检验就要求数据服从正态分布. 由于数据不多, 画表 9.3 的 26 个差值的点图, 见图 9.2. 根据点图, 分析差值 (看电视时间减去读书时间) 的分布情况. 由于数据量有限, 要想知道差值的精确分布那是不可能做到的. 事实上, 对统计问题而言, 任何一个分布都不能说完全准确适用. 但根据有限的数据, 说它并不服从某个分布那还是有比较大的把握的. 由图 9.2 可以看到, 差值不太像正态分布. 图中有 3 个离群点, 它们都是读书时间比看电视时间多的点. 最远的离群点是第 23 号样本点, 每周读书时间 25h, 而看电视只有 2h. 对这类异常的离群点要仔细分析, 例如, 数字记录有没有记错, 这一周他是否有特殊情况发生以至于花很多时间读书而无暇看电视, 其余各周他读书与看电视的时间如何等. 在难以认为数据服从正态分布的时候, 可考虑使用其他统计分析方法, 例如, 符号检验 (见参考书目 [11] 第三章) 的非参数统计分析方法等.

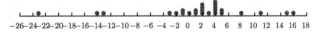

图 9.2 差值 (看电视时间减去读书时间) 的点图

解统计问题, 审辩性思维是不可或缺的. 综合本书所述, 统计问题的审辩性思维, 可以就以下几个方面的问题展开讨论. 这几个问题并不是统计问题审辩性思维的全面表述, 而具体问题具体分析才是最重要的.

- 慎下结论, 慎相信结论;
- 质疑数据的收集;

(1) 数据能否代表总体? 数据是随机, 还是选择性得到的?

(2) 有没有遗漏? 数字记录有没有记错? 数字有没有造假?

(3) 有没有不回答的? 回答的有没有是不真实的?

- 质疑数据的分析;

(1) 所选用的统计分析方法有怎样的前提先决条件?

(2) 所选用的统计分析方法有怎样的适用范围?

- 样本量有多大? 样本量的大小事关统计结论的精度.

## 9.3 风险意识

众所周知, 统计研究具有不确定性现象. 但有些人却不知统计分析的结论, 其本身也有不确定性, 是有风险的. 这些人错认为统计推断可以消除风险. 事实上, 统计方法不可能消除风险, 仅可能减少风险, 控制风险.

1994 年 4 月 28 日新民晚报有篇报道说, 《今日美国报》和美国有线电视新闻网 (CNN)27 日公布一项民意测验调查结果: 克林顿政府外交政策支持率为 39%, 经济政策支持率为 42%. 民意调查于 4 月 22 日至 24 日在 1015 人中进行, 其误差在 3% 之内.

调查的 1015 人是从全部美国二亿五千多万成年人中随机抽取的. 正因为是随机抽取的, 所以调查的是哪 1015 个人是不确定的. 观察抽取得到的 1015 人, 统计有多少人支持克林顿政府外交政策, 有多少人支持其经济政策. 显然, 我们所观察研究的是一个不确定性现象.

调查的目的是为了知道全部美国二亿五千多万成年人中克林顿政府外交政策与经济政策支持率的真值各是多少. 根据这一次抽取到的 1015 人, 计算得到的克林顿政府外交政策支持率为 39% 和经济政策支持率为 42% 仅是这一次调查的观察结果. 另一次抽取到的 1015 人的观察结果很可能与这一次的不同. 认为支持率的真值就是这一次的观察结果, 这样的统计推断显然有不确定性, 是有风险的. 观察结果极有可能不是真值, 为此通常仅称这个观察结果是支持率真值的估计. 所以, 例如有篇报道说, "大约 90% 的女性一生中可能都有乳腺增生症状. 早期乳腺癌的治愈率可以达到 75% 左右, 特别早期的治愈率可以达到 95%. " 其中的 90%, 75% 与 95%

等都应理解为是真值的估计. 它们是这一次的观察结果. 早些的观察与未来所做的观察, 即使是同时间的另一次观察, 它们都有可能与这一次的观察结果有所不同. 例如, 另有一篇报道说, "一期乳腺癌的 5 年治愈率为 90%~95%, 乳腺癌治愈率二期为 70%~80%, 三期是 50%~60%, 四期就是 10% 以下. " 另一篇报道接着又说, "早期乳腺癌合理治疗的话, 治愈率高达 90% 以上, 8~10 年不复发. " 这两篇报道说的百分比都是估计, 它们略有差别. 由于是两次不同的观察研究, 报道有差别情有可原.

虽然估计极有可能不是真值, 但统计的理论和方法可以做到, 它们之间的误差, 也就是风险可以得到有效的控制. 例如, 就上述民意调查的例子而言, 由于抽取了足够多的 1015 人的样本, 并且样本是随机抽取的, 计算正确, 因而支持率的真值与其估计相差不大, 其误差控制在 3% 之内. 事实上, 说 "误差在 3% 之内" 也有不确定性. 估计与真值的误差可能在 3% 之内, 也可能超过 3%. 根据统计的理论和方法, 可以证明若调查 1015 人左右, 误差在 3% 之内的置信水平 (概率) 为 95%. 作为一项支持率的民意调查, 能做到在二亿五千多万成年人中, 用三天 (4 月 22 日至 24 日) 时间, 仅调查 1015 人, 误差只有 ±3%, 概率达到 95%, 如此的统计推断那是令人满意且可以接受的. 倘若不满意, 希望误差需再小一些, 或概率需再大一些, 则就需调查更多的人. 又倘若认为可放宽要求, 误差可大一些, 或概率可小一些, 则可少调查一些人. 看美国大选民意调查的另一个例子.

2008 年 6 月 11 日中新网的一则新闻标题是 "美大选: 奥巴马民意支持率稳定领先麦凯恩". 该新闻报道说 "盖洛普民意测验中心十日公布的最新民意调查显示, 目前奥巴马的全国支持率为 48%, 麦凯恩为 41%. 这是盖洛普自三月中开始进行这项民意调查以来, 奥巴马领先麦凯恩的最大差距. 这项民调是于 6 月 7 日至 9 日在全国抽样访问 2633 位登记选民, 抽样误差为正负 2 个百分点." 2008 年的这项民调, 调查了 2633 人, 误差就减少到 ±2%. 可以证明其概率仍为 95%. 这项民意调查说奥巴马民意支持率稳定领先麦凯恩, 而这就牵涉到除统计估计问题之外的另一个问题, 那就是统计检验问题. 由于调查的 2633 人中, 奥巴马的支持率超过了麦凯恩的支持率, 根据这个调查结果显然不可能做出 "在全体美国选民中奥巴马的支持率低于麦凯恩的支持率" 的判断. 因而我们所考虑的检验问题就是, 究竟是奥巴马领先麦凯恩, 还是他们两人不相上下. 新闻报道所说的, 奥巴马领先麦凯恩. 这个判断是有依据的, 那是因为调查的 2633 人中, 奥巴马的支持率较麦凯恩的大了 7%, 比抽样误差 2% 的 2 倍 (4%) 大得多. 当然, 在调查的 2633 位选民样本中, 奥巴马的支持率大于麦凯恩的支持率, 难道由此就能够说在全体美国选民中奥巴马的支持率一定也大于麦凯恩的支持率吗? 由此可见, "奥巴马领先麦凯恩" 的这个判断有可能出错, 它是有风险的. 根据统计的理论和方法可以证明, 在这两人不相上下的条件下, 倘若做出了 "奥巴马领先麦凯恩" 的判断, 它出错的可能性仅为 5%. 人们显然是愿意冒出错的可能性仅为 5% 的风险做出判断的.

1994 年与 2008 年的两项民意调查例子告诉我们, 每当我们遇见估计, 例如, 支持率、合格率、收益率与人均收入等估计问题, 或遇见检验, 例如, 支持率谁大谁小、产品是否合格、药有没有疗效与今年的人均收入是否比去年高等检验问题时, 应关心思考推断的风险有多大. 这也就是说

**对于统计估计问题, 需要思考估计的误差有多大, 它有多大的置信水平 (概率);**

**对于统计检验问题, 需要思考判断出错的可能性有多大.**

1994 年的民意调查说, "误差 3%, 概率 95%". 这意味着误差超过 3% 的概率仅有 5%. 2008 年的民意调查说, "奥巴马领先麦凯恩" 的这个

判断, 其出错的可能性仅为 5%. 通常称概率在 0.05 或以下的事件为小概率事件.

**小概率事件原理: 就一次观察而言, 小概率事件是几乎不可能发生的, 但多次重复观察它是有可能发生的.**

根据小概率事件的原理, 对于这一次调查而言, 可认为误差几乎不可能超过 3%. 但倘若有很多次重复调查, 误差是有可能超过 3% 的. 除了小到 0.05, 通常还称小到 0.01, 或其他某种程度的才算小概率事件. 究竟小概率事件以什么为标准这需要具体问题具体分析, 不同的情况有不同的标准. 一般而言, 风险越高的小概率事件, 它的概率就应越小. 即使概率如此小, 高风险的事件还是有可能发生的.

254

美国空军 1949 年的一项实验, 需要将 16 个火箭加速度计悬空装在受试者的上方. 支架上固定火箭加速度计的有两个位置. 按实验要求, 其中的一个位置是正确的, 而另一个是错误的. 不可思议的是, 竟然有人有条不紊地将 16 个火箭加速度计全部安装在错误的位置. 参加这次实验的工程师墨菲说, 如果有两种选择, 其中的一种将导致灾难, 则必定有人会选择它. 后来墨菲的这一句话演变为人们熟知的这样一句话: "会出错的, 终将会出错"(If anything can go wrong, it will). 其实, 这一句话, 不同的人, 不同的场合,有不同的含义. 对于使用电脑的人来说, 重要的资料应做好备份. 这是因为再好的电脑也有可能出问题. 人, 尤其是老年人要把重要的事情用笔记下来. 记性再好的人也可能会忘事. 最能说明墨菲定律的例子莫过于日本福岛核电站事件.

2011 年 3 月 11 日日本仙台港以东 130km 处发生 9.0 级大地震, 其震中位于太平洋上. 应对地震突发这个小概率事件的预案启动, 福岛第一核电站反应堆紧急停堆保护, 并对残余核反应产生的衰变热量进行冷却. 地震强度之大以至于外部电网停电. 应对外部电网停电这个小概率事件, 福岛第一核电站也有预案, 使用应急发电机启动冷却系统. 但地震引发海啸, 淹没了应急发电机, 不能用它启动冷却系统, 只得使用备用蓄电池. 8h 后备用蓄电池耗尽, 冷却系统停止工作, 反应堆升温, 发生氢气爆炸, 核泄漏, 演变成一场波及全球的核危机. 地震、电网停电、海啸与海啸淹没应急发电机等都是小概率事件. 它们相继发生那是概率更加小的事件. 根据墨菲定律, 假如事情有可能发生, 不论这种可能性有多小, 它总会发生的. 高风险的小概率事件一旦发生, 尤其是高风险的小概率事件相继发生, 它很有可能不被掌控, 演变为一场巨大灾难. 人们不仅需要为一个个的高风险的小概率事件做预案, 也要为高风险的小概率事件相继发生做预案.

255

小概率事件往往就是罕见的高风险事件. 人们应谨慎思考预防小概率事件的突然发生, 且仔细做好应对高风险小概率事件的预案.

事实上, 数据分析统计判断的不确定性, 还有很多是统计方法所不能掌控的, 这需要具体问题具体分析, 依据问题的实际意义细致地展开讨论.

## 思 考 题 九

1. 有个人要买房, 房地产经销商说, 这一带居民的年平均收入约为 15000 美元. 可能就是为此, 他买下了房子住在这里. 不久, 周围居民申请降低税率, 或降低财产估价, 或减少公共汽车费, 理由是它们提高后我们支付不起, 这一带居民的年平均收入只有 3500 美元. 这一带居民的年平均收入究竟是多少? 15000 美元对, 还是 3500 美元对? (这个问题来自参考书目 [4] 的第 2 章)

2. 假设某公司的大型产品有 3 种不同的组装方法. 为比较不同的组装方法完成大型产品组装所花的时间, 提出了以下 2 个试验方案.

(1) 第 1 个试验方案. 挑选 30 个员工, 把他们分成人数相等的 3 组. 第一组 10 个员工使用第 1 种组装方法. 第二组 10 个员工使用第 2 种组装方法. 第三组 10 个员工使用第 3 种组装方法. 你认为这个试验方案有什么问题可能遭到人们的质疑?

(2) 第 2 个试验方案. 挑选 10 个员工. 要求他们先用第 1, 然后用第 2, 最后用第 3 种组装方法. 你认为这个试验方案有什么问题可能遭到人们的质疑?

(3) 请设计一个试验方案, 用来比较这 3 种不同的组装方法.

3. 2001 年 8 月 28 日《健康周报》上有一篇文章的标题是, 吃蛋黄会使胆固醇升高吗. 文章说, 许多人认为鸡蛋黄中胆固醇含量高, 是直接造成人类发生高血压、动脉粥样硬化、冠心病及脑中风等疾病的罪魁祸首, 所以很多人不敢吃鸡蛋黄. 吃蛋黄会不会使得胆固醇升高? 美国营养学家弗林博士对这个问题进行了专门的研究. 对 116 名 50~60 岁的男性进行了为期半年的试验. 试验有以下三个步骤:

257

(1) 记录每个受试者体内胆固醇含量;

(2) 让这些人连续三个月食用没有任何蛋制品的饮食, 再测定他们体内胆固醇含量;

(3) 后三个月里给每人每日膳食中加两个鸡蛋, 又一次测定他们体内胆固醇含量.

研究结果表明受试者体内胆固醇含量并没有受到鸡蛋黄的影响. 弗林博士的这项试验设计方案有没有问题, 是否可能遭到人们的质疑?

# 参 考 文 献

[1] 陈希孺. 统计学概貌. 北京: 科学技术文献出版社, 1989.

[2] 陈希孺. 数理统计学简史. 长沙: 湖南教育出版社, 2002.

[3] 〔德〕瓦尔特·克莱默. 统计数据的真相. 隋学礼译. 北京: 机械工业出版社, 2008.

[4] 〔美〕达瑞尔·哈夫. 怎能利用统计撒谎. 沈恩杰, 马世宽译. 北京: 中国统计出版社, 1989.

[5] 茆诗松、丁元、周纪芗、吕乃刚. 回归分析及其试验设计. 上海: 华东师范大学出版社, 1986.

[6] 〔澳〕霍萨克, 波拉德, 策恩维茨. 非寿险精算基础. 王育宪, 孟兴国, 陈宪平, 李政怀, 李中杰译. 北京: 中国金融出版社, 1992.

[7] 王静龙, 梁小筠, 王黎明. 属性数据分析. 北京: 高等教育出版社, 2013.

[8] 王静龙, 梁小筠, 王黎明. 数据模型与决策简明教程. 上海: 复旦大学出版社, 2012.

[9] 〔俄罗斯〕A.D. 亚历山大洛夫, 等. 数学, 它的内容、方法和意义. 孙小礼, 赵孟养, 裘光明, 等译. 北京: 科学出版社, 2012.

[10] 〔英〕维克托·迈尔-舍恩伯格, 肯尼思·库克耶. 大数据时代. 盛杨燕, 周涛译. 杭州: 浙江人民出版社, 2013.

[11] 王静龙, 梁小筠. 非参数统计分析. 北京: 高等教育

出版社, 2006.

[12] 陈希孺, 方兆本, 李国英, 陶波. 非参数统计. 上海: 上海科学技术出版社, 1989.

[13] 〔美〕Hoaglin D C, Mosteller F, Tukey J W. 探索性数据分析. 陈忠琏, 郭德媛译. 北京: 中国统计出版社, 1998.

[14] Tanur J M, Mosteller F, Lehmann E. 统计学应用指南. 陈湛匀译. 上海: 上海人民出版社, 1990.

[15] 王静龙, 梁小筠. 魅力统计. 北京: 中国统计出版社, 2012.

[16] 茆诗松, 程依明, 濮晓龙. 概率论与数理统计简明教程. 北京: 高等教育出版社, 2012.

[17] 韦博成. 漫话信息时代的统计学. 北京: 中国统计出版社, 2011.

[18] 史树中. 诺贝尔经济学奖与数学. 北京: 清华大学出版社, 2002.

[19] 贾怀勤. 数据模型与决策. 北京: 对外经济贸易大学出版社, 2004.

[20] 〔美〕Freedman D, Pisani R , Purves R, Adhikari A. 统计学. 魏宗舒, 施锡铨, 林举干, 李毅, 吕乃刚, 范正绮译. 北京: 中国统计出版社, 1997.

[21] 陈家鼎, 孙山泽, 李东风, 等. 数理统计学讲义. 北京: 高等教育出版社, 1993.

[22] Siegel A F. Practical Business Statistics. McGraw-Hill Irwin, 2011.

[23] Weisberg S. 应用线性回归. 王静龙, 梁小筠, 李宝

慧译. 北京: 中国统计出版社, 1998.
[24] 韦博成, 林金官, 解锋昌. 统计诊断. 北京: 高等教育出版社, 2009.
[25] 张尧庭, 等. 定性资料的统计分析. 桂林: 广西师范大学出版社, 1991.
[26] Rao C R. 统计与真理 —— 怎样运用偶然性. 李竹渝, 石坚译. 北京: 科学出版社, 2004.